「密爾瓦基」是本書作者的第二故鄉。
穿過市區的─密爾瓦基河─
曾經是貨船運輸的重要河道，有過繁華的風貌。
20年來河道兩旁老舊的貨倉已被改建成
新穎的辦公室和林立的高樓市區住宅，
改寫了這個沒落了河道的新章。

不完美的樂土
——拚搏美國夢

克服在美國創業的各種甘苦之一盞燈

劉又華 Terry Ni 著

目 錄

序言

乘了長風，也破了萬里浪　　　／公孫策

美國人做美國夢理所當然，中國人做美國夢就沒那麼簡單。
劉又華台大畢業隻身負笈美國，然後在美國成家立業，
開花結果，她的經歷正是我們這一代留學生的成功典型。

六〇年代到八〇年代的台灣大學生，最佳出路似乎就是出國，有道是「來來來，來台大；去去去，去美國」，然後呢？去了美國是怎樣一個情況？聽到過一些出類拔萃的人物，但聽到更多留學生端盤子、跑堂的打工故事，也有一些皓首讀到博士最後茫然失落的例子。其實，留在美國就業的為數最多，創業的也不少，他們很努力的在美國社會立定腳跟，很努力的讓自己進入美國社會，讓下一代成為完全的美國人。

箇中甘苦多半不足為外人道，所以，劉又華這本書著實難能可貴。簡單說，她乘了當年留學美國熱潮長風，也破了萬里浪──經歷並克服在美國創業的各種甘苦。雖然稱不上什麼「鉅子／大亨」，出書也不是要光耀門楣或驕其親友，而是為了提供後來者一盞燈──以自己的真實經歷，為仍然懷有美國夢的台灣年輕人，乃至大陸年輕人提供一個參考，省去他們矇著眼睛瞎摸的功夫，同時也讓他們明白，在美國創業不是如作夢那般輕鬆，但美國夢也不是如坊間有些文章寫的那樣「易碎」。美國當然還是這個地球上最富庶的國家，雖然不完美，但仍然值得放手一搏。

我在最近幾年用力鼓吹「五度空間教育與學習」，所謂五度空間，上下四方為三度空間，時間是第四度空間，加上人物心境為第

五度空間。簡單說，就是人文史地要揉合起來一起學習，改掉國文老師不講歷史，歷史老師不講地理的（數十年）現況，那樣才給學習者有比較直接的印證和做決定時的參考。但這個教育改革芻議遇到的問題是缺乏教材，我個人雖然努力的寫，但能力畢竟有限。而劉又華這本書的出現，給了我莫大鼓勵：這不就是一本五度空間內容的範本嗎？有時間、有地點、有事件主題，有人物心境和當下的決策心路歷程，如果能有更多人寫這樣的書就好了。

本書內容除了人事時地物清楚之外，對於創業經驗著墨甚多，有「禮賢能士，更上層樓」的成功原理，也有「倒戈總經理」的被突襲經驗，而「芳絲的Me Too訴訟」則是可能遇到的員工的（各種）問題的處理經驗，簡單說，創業的辛酸與顛簸都在裡頭，讀者閱讀時都能體會得到。

最後說明一下推薦人，公孫策是筆名，本人是劉又華的大學同班同學，很榮幸也很高興能推薦本書。

你所收成的 就是你所播種的

／張明熙

從植病系的農學到美國轉念環境工程，
並且開創公司經營環工，
可見她的毅力和決心以及異於常人的能力。
她在美國得到了許多政府頒發的最高榮譽獎項，
30年的奮鬥也讓她名利雙收。

劉又華是我在台大植病系的同學，我們在1974年畢業後各奔前程，先後到美國求學，直到「台大40重聚」再相逢，才得知她在美國轉行念環境工程系，自行創業，成立環工公司，與夫婿共同經營，闖出一片亮麗天空，令人羨慕又欽佩。退休一年後，馬上又出版這本書。她說：「你和我同樣在美國奮鬥多年，比較能夠體會我的文章內容。」這一句話，我欣然寫了此序。

一口氣讀完了她傳送給我的數篇文章，感動得淚流滿面，說不出話來，我深刻體會到他們夫妻兩人創業的艱辛，也讓我了解一個人事業的成功，是有太多因素組合而成。她毅力堅強、百折不撓，她高瞻遠矚、深謀遠慮，她樂觀進取、不把惡劣的環境看成阻力，只是朝著既定目標前進。她在自序中提到「我在美國，一個種族複雜、男性為主的工業界，能有一席之地，…我只是執著堅持，朝著一個遠程目標前進。」這幾句話可以給現今年輕人常常抱怨「環境不利，所以無法成功」當頭棒喝。

「平凡中的精彩」文中，她當了大老闆，仍然喜歡輕鬆的，用手拿Pizza、大口喝可樂的和員工一起討論工作，兼聊家常…。這

種沒有上下階級之分，和員工在一起的態度是一個領導人的典範，也是公司凝聚向心力的泉源。

　　「五月的田納西——開啟聯邦大型環境整治合約之門」，看到瘦小的又華發揮她堅毅的精神，接下聯邦大型環境整治計畫。她的「纏勁」，窮追不捨地要求一位關鍵人物傑伊，讓她跟去參加一個重要會議，為了見到掌握聯邦工程的重要人員；一個女孩子，獨自開七個小時車子，追著傑伊，還差點跟丟了。會議結束後，積極組織專業有勝算的團隊，尋找在技術方面能夠互補的公司，一起合作參加投標，最終完成心願，第一次標得千萬美元的工程。俗話說「機會是屬於有心人」（Opportunity is for the prepared mind.）。又華為這句話做了最完美的詮釋。她遭遇過許多挫折，可是整本書看不到一個「苦」字，她視所有辛苦和逆境為當然，只是勇往邁進。她年輕有闖勁，初生之犢不怕虎，多麼可愛又令人佩服。

　　最讓我感動落淚的是讀完「卸下重任，功成身退」；新出爐的CEO述說又華「不棄不饒的堅持，行事待人沒有架子，但找人一定要找到，做事必定挺到底的毅力，大家都領教過她的特性。」這幾句話為又華的個性，做了最好的詮釋，也是她能成功的秘訣。前瞻、眼光遠大是一個成功領導人最重要的特性。看到又華得到那麼多的獎狀、勳章；在退休會上，大家對他們褒揚，頒予終身成就獎，獲贈曾經飄揚在美國國會山莊的美國國旗。又華夫婦的帶領，激勵了很多員工的人生。

　　「你所收成的，就是你所播種的。」美國是一個白人為主的社會，兩位從台灣來的華人，能夠得到數百名美籍員工的肯定和敬重，這是台灣人的驕傲，亦是台灣之光。我對又華夫婦佩服得五體投地。

　　這是一本適合所有年輕人閱讀的勵志書籍，更是給心想創業，尤其想要在美國創業的年輕人的指南和典範。闔上書本，我看到了一個瘦小的又華，不畏艱難，勇往直前，憑藉著她的堅強意志，聰明智慧，高瞻遠矚，在異鄉闖出了一片亮麗天空，創造了奇蹟，她是一個巨人，我強力推薦這本書給每一個人。

　　張明熙博士是國立成功大學醫學院的講座教授，曾在美國知名生技公司Genentech和Amgen從事新藥研發工作多年。民國一百零一年她把在成大的研究成果以四億台幣技轉給歐州知名丹麥諾和諾德藥廠，創下台灣學術界技轉金額的最高紀錄。她目前擁有八十多件世界各國專利，也得到許多台灣學術界崇高榮譽的獎項。

　　張教授亦創立永福生技公司，希望研究成果能進一步商品化，其中治療肺部纖維化藥物的開發，指日可期，當能救助全世界因肺炎而患難的病人。

Preface

A heartfelt story

John Fleissner

You hold in your hand a heartfelt story of heroic achievement, a story filled with hard work, persistence, unrelenting drive, and a little luck.

It is Terry Ni's personal story of success in America, from earliest formative days as an engineering student through her ultimate achievement of building a company, which continues to advance into the 21st century. Even in her retirement, she remains an inspiring figure to us who worked with her daily and were propelled by her energy.

I had the privilege to join Terry's business team over 20 years ago while on a journey of renewal myself. Many of the episodes and challenges that Terry describes in vivid detail I've seen firsthand as a colleague in her company.

I've seen her energy in action and felt the personal struggles she endured to prevail in the competitive world of small business engineering consulting.

Terry writes in a vivid, engaging style that will make you feel her personal enthusiasms and anxieties as she navigated the difficult challenges of running a growing small business.

11

You will feel her great pride in accomplishing her goals one-by-one as she built a diversified company.

She does not mince words or shrink from describing the sometimes harsh realities of bare-knuckle business setbacks and dead ends.

Drawing on her rich trove of business encounters, Terry shares her experiences—the good, the bad, and the could-have-done-better-all while reaching for the American dream of success. She shows that America is the land of opportunity, realized only through hard, persistent work.

To paraphrase from Teddy Roosevelt's famous 1910 speech in Paris on citizenship, Terry was the woman in the arena, striving valiantly, daring greatly, and doing the hard work it takes to know the triumph of high achievement. She tells her story now to you with hope that you will find inspiration and courage in her words.

一部動人心弦的故事

／John Fleissner
黃珠芬／譯

努力執著、不輕言放棄
與一丁點兒幸運交織而成的英雄凱歌。

Terry述說自己早年在美國從一位工程系的學生，穿越到21世紀成功地營造出一家工程公司。我們這群追隨她一起工作的人，即使在她退休之後，依然能感受到她的鼓舞與熱力。

二十多年前，當我的人生需要再充電的時候，幸運地能夠加入她的公司。文章中多篇生動的故事以及挑戰，我都是第一手的見證人。我親眼看到她即起即行的動力，在高度的競爭環境中帶領一個小工程顧問公司堅忍奮鬥的過程。

她用生妙動人的文字，讓讀者感受到她如何既熱血又急切地帶著一個蓬勃成長的公司，領航克服種種危機；也感受到當目標一一達成，一個多元的公司卓然屹立時她的驕傲與喜悅。她的文字不矯揉造作，也毫不掩飾她面對見血見骨的挫折與失敗。

她分享給讀者的是高潮起伏的經營歷練，和最終完成美國夢的經驗。美國是一個充滿機會的國度，但那是要堅定努力爭取而來。套用羅斯福總統在1910年於巴黎一段傳世的演講：

「Terry就是站在競技場上，英勇奮戰、大膽爭取的那位勇敢女士，她的努力終能成就最後的勝利。」她在書中真情說出自己的故事，希望讀者能感受到她的勇氣與鼓勵。

Preface／作者簡介

John Fleissner has over 40 years of experience in environmental engineering industry. As a prominent member, he has worked for one of the top ranking environmental companies in the United States and later as a Vice President for the mid-size company that the author of this book founded. His dedication, integrity, and outstanding performance has set a very high standard for the younger generation of engineers to follow. His success in pursuing several multi-million dollars contracts in the US Federal market was also a model within the environmental engineering industry.

John Fleissner是一位在美國環境工程界擁有40年經驗，卓然有成的工程師，他所帶領的團隊在聯邦市場樹立的競爭力與廉正深受業界稱道。曾任職於一家世界級的大型工程公司資深經理20餘年。後又效力本書作者所創立的環境工程公司，擔任副總經理20年。本書五‧1知人善任築磐石，福樂斯先生即是John Fleissner.

--TERRY

自 序
飛翔吧！女孩

/劉又華

我在2019年09月17日接受教育電台「飛翔吧！女孩——北一女特色校友」節目訪談，謹以訪談大綱作為本書自序。

問：在您的專業生涯中，您最引以為傲的事蹟是什麼？您覺得自己是如何成就這些事蹟的？

答：在我年輕時的專業職涯與後來30年的創業奮鬥中，經過了許多重要的轉捩點。回想起來，這些在人生中關鍵的轉變，是由於不滿意現狀而想照自己的心意走出自己的一條路。我也可以像大部分的同業朋友在工程公司做事，但是往上仰看金字塔的上端遙不可及，那不安於現狀、嚮往冒險、追求遠程前景的心悸動了。我在八零年末期在自家地下室成立了我的工程公司，後來在三年內由於員工增加，換了四次辦公室。我有許多篇的文章講述當年創業維艱的辛苦，與後來如何建立公司營運系統的決心。我的先生勝年在公司成立四年之後，終於被我說服加入了我的公司，從此如虎添翼。當然真正的人生從來不像童話中的平步青雲，實際上的艱難起伏才是事業真正的寫照。

在經營工程事業的幾十年裡，曾因營運的錯誤把公司拖至谷底。每次在最艱難的困境中總能找出生路，在失敗中學到經驗，在多次起落中咬牙磨練，終能在30年之後退休前，把公司帶到有四百多名員工，其中近一百位有照工程師，上百人的工程技術團隊，近兩百位科學技術人員，幾十位會計師律師行政人員，年營業額上億美元的規模；除了美國本土的工程，海外工地遠達日本琉

15

球、韓國、關島、歐洲的葡萄牙以及中東的卡達；靠的就是堅強的毅力與一定要完美達標的決心。

早年對大公司，大工程團隊系統經營的好奇，形成了對創業長程目標的憧憬與期盼。追求成功過程中遭遇的曲折起落，對我而言，不但不是阻礙，反而有一股不可思議的吸引力。

這些也許就是成為創業者的基本因素吧：好奇憧憬，期盼遠景，面對冒險艱難用勇氣和理智面對。決心與毅力是能成功地走到終點線的最大因素。

問：從綠園畢業至今，您在工作或人生中的遺憾是什麼？

答：我從小喜歡說話寫作。高一下，跟著許多人參加文理組分班考試，進了理組念了農學院，沒有讀我從小就愛好的新聞採訪寫作科系。在大學一年級時，曾參加過台大新聞社，撰寫了幾篇專訪稿，算是圓了我採訪寫作的美夢。後來轉行工程，創立公司，奮鬥出一些成就，在美國各地政經軍商等等不同的大會上，多次得獎，讓我這原本平凡的人生綻出精彩。現在也可以把幾十年的經歷寫出來與大家分享。我自忖此生無憾。

問：如果重回綠園畢業那一天，你對自己的人生，是否會做出不一樣的決定？

　　答：人生的許多際遇與結果，是一連串機緣和個性能力的複雜組合。

　　離開綠園那一年18歲，在那個年代，考上大學可能是唯一也是最好的一條路。對北一女的學生來說，考上大學或名校都不是難事，只是要讀一個自己喜愛，將來很有潛力的科系，就要看考試成績和運氣了。當時與現在的情形很不同，我們在18歲時面臨的選擇很有限，即使到大學畢業，在那個經濟尚未開發飛揚的時代，就業並不容易。

　　雖然有時也回想當年的遺憾，沒有讀新聞寫作的科系，但從不後悔我在人生每一個路口做過的決定。就像我在「卸下重任」與「公司易手」兩文中講到：在該放手的時候放下那不捨，而且果斷地做出不能回頭的決定，是智慧。

　　問：您目前正努力於哪些計畫呢？您想要做到哪個程度？

　　答：退休後我著手寫作，希望寫下這幾十年值得記憶的人與事。這也算還了我從小想當作家的願望吧。

　　這些我經歷過的美國工程經營、興盛與挫折、人事管理、深入社會、與政治人物接觸的經驗，希望給對創業有好奇心、對工程或工業營運有潛力、或是對美國一般政治社會有興趣的讀者，提供一些我個人親身的體會。

　　三四十年前，一個亞洲女人，在美國保守的中西部，以男性白人為主流的工程界，不但要尋覓求生之道，且要挺得住那困難的競爭，求取一席之地。同時需要應對美國大環境的壓力，例如，美國政治導向更替，經濟起伏，社會結構等等都會影響工程界與環境保護的未來方向與政府預算。

　　我個人覺得，年輕人應該要認知，社會上有多層的競爭。台灣和美國都是自由民主開放的社會，但是如果沒有理性競爭，社會就沒有往前衝刺的原動力。我在美國這樣一個種族複雜，又以男性為主的工業界，能略有一席之地，就是憑著目不旁視周遭的紛擾──也許是輕視歧視，也許是不信任懷疑…，執著堅持地朝著一個遠程目標前進。

　　在我幾篇文章，「理性競爭是動力」、「平凡中的精彩」與「不完美的樂土」中，講述了許多我接觸美國政治、社會的個人看法。非常希望能與年輕人分享。

　　問：展望未來五年，您的夢想/心願/待辦清單，請與我們分享。

　　答：退休晚會上，公司同仁、業界朋友、過往同僚，與兒女媳孫親戚們在歡笑中，用詼諧幽默的感性，為我們這幾十年的奮鬥努力，做了一個完美的肯定。公司同仁在陳述感言時說，我們的帶領奮鬥，激勵改變了他們的人生。我其實從來沒想過，我們做過的事

走過的路，會對我們接觸過的人有這些激勵與影響。其實這是互相
的，他們也改寫、豐富了我們這平凡的人生。就是這些激勵激動，
啟發了我寫作的激情。

　　我和先生勝年在多年前，成立了一個「Terry Ni獎學金」。獎
學金網址如下：http://TNscholarship.org

　　當時由於見到工程與環境保護界的人才經常流失，轉行到薪水
比較高的醫界、法界、財務管理等行業，因此我們成立了一個工程
獎學金委員會，每年提供給高中生獎學金，鼓勵他們參加建設、改
善地球的行業。我們並製作了幾分鐘的工程短片，由我們的委員參
加不同年輕人的聚會，去解說工程工作，希望引起他們的興趣加入
我們的行列。我們希望繼續依照這個工程獎學金的宗旨，擴展到更
多學校或機構，提高工程師的重要性與地位，吸引更多優秀的年輕
人來參與工程工作。

前言

五月的田納西
——開啓聯邦大型環境整治合約之門

人說，美國是一個夢想可以成真的樂土。
後來發現這需要許多波折艱難的奮鬥，
連競爭的權利都是要爭來的，
至少我們有爭取那平等競爭的權利，
而最終這一搏是絕對值得的。

　　九零年代中期對我來說意義不凡。經過數年奮戰，我的公司打開了幾扇大型聯邦合約的門，客戶包括能源部，美軍工兵團和空軍。但記憶最深的是……

　　直到二十多年後的今天，我仍能清晰地記得1995年那個五月初的田納西州。清風吹來的不只是初夏的花草味，還夾著許多的不安和期待。我坐在小型商業旅館Quality Inn的長廊椅上，不時望著車道的盡頭，焦心地等著一位同業朋友傑伊，帶領我開車去隔鄰的肯塔基州小鎮——浦鎮（Puducah, Kentucky）。

　　我住在威斯康辛州，從我家到公司總部的車程大約二十多分鐘；最長的開車紀錄也不過是到50分鐘車程的鄰近城鎮。而從田納西州的歐市（Oakridge, Tennessee）到肯塔基州的浦鎮大約要開六到七個小時，這對我來說是一個不小的挑戰。但是今天的忐忑、興奮和期待取代了長途開車的憂慮。

　　歐市和浦鎮在二戰前後都是生產和儲存核能原料非常重要的地方。因為涉及敏感的核能工業，以前這兩個城鎮被刻意隱藏起來，

地圖上找不到。近幾十年來兩地的核能工業已不被重用，為此聯邦政府編列不少的預算來做環境清理的善後工作。我所成立的環境工程公司TN&A主要就是做這類土壤和水質清理的工程，這兩個城鎮的聯邦預算對我們來說有很大的吸引力。看中了這個市場的潛力，我們在歐市開設辦公室，請了幾位技術和行政人員，還聘用一位地質專家擔任經理帶領整個辦公室，先承攬一些小型工程，期待能成功得到比較大型的契約。今天的旅程就是希望能開一條門縫，讓我們突破，更上一層樓。

我開著租來的車，手握方向盤，腳踩油門，緊緊跟著前方傑伊的車，從彎曲的市鎮小路慢慢地開進鄉村。一路房屋錯落，五月的陽光從繁茂的樹影間灑在草地和道路上，不遠處美麗的Smoky Mountain昂立在前。自從在田納西州設立辦公室以後，每次來總會停留兩、三個禮拜，雖然中間會有一個或兩個週末，也從來沒有想到要去有名的Smoky mountain看看風景。我總是利用週末面試新人，或是約了同業熟人商談將來可能的合夥投標計畫，或甚至找機會和競爭對手見面以明瞭戰況。

離開蜿蜒的郊區道路，轉入平直的州際高速公路，我腦筋裡開始盤算著：如果我能夠見到這些關鍵人物，要如何把握在短短幾分鐘之內把我的公司團隊，我們的重要技術和經驗，簡單扼要地講出來，讓他們有深刻的印象。其實今天主要的目的，是要說服幾位關鍵人物，希望他們能把一個千萬美元大型的環境整治專案經由所謂的中小企業競爭流程來招標。

美國聯邦採購程序

美國聯邦政府每年有龐大的預算經費分配給各個部門機關，這些部門除了用自己內部人員完成份內工作，許多時候還要把部分工程發包給聯邦政府核定的承包商，這中間有一個嚴謹的承包商甄選流程。政府把這些五花八門的工業或工程依據工商行業標準分類系統，一一標上分類代碼，編成Northern American Industry Classification System NAICS。NAICS包含數百個不同行業分類。聯邦政府若有採購或工程需要招標，甄選承包商時就會公開宣布行業類別以及細目。政府同時也會列明對投標公司規模大小的規定。通常有Full and Open，就是任何公司無論規模大小都可投標；也可列入small business，那就只有在NAICS系統所設公司規模以內的中小企業才能投標。

為了保護全國的中小企業，政府在NAICS系統的類別裡，對不同行業分別規定小公司規模的上限，有的是以年營業額，也有以員工人數作為上限。聯邦政府各部門機關會考量各種工業或工程的大小規模，複雜的程度，決定是否可以由中小型企業來競爭承標。例如，我們公司的主要服務項目之一──環境整治，員工上限是500人（現已增為750人）。這種中小型公司一定要證明有能力自己承作51%以上的工程，至於其他49%可以分包給其他公司來完成，大小不拘。在這法規之下，大型公司不會統攬全國工程，留給中小企業一個參與聯邦工作的機會。

　　我們在歐市的辦公室成立一年多了，由於承包的都是小型工程，尚無法收支兩平，雖然我們威州總公司已經經營六年多，所做的土木設計工程監造也很穩定，但是兩邊開銷實在吃不消，急需打開更大的市場。

　　幾天前，我在一個專業討論會上碰到了傑伊，他在一個世界級的公司MM擔任採購經理，這個公司就是代表能源部在歐市和浦鎮總管全部環境清理工作的總承包商，握有一個十年一百億美元的合同。我認識他一年多，也在他身上花了不少業務推廣的功夫。

緊追千萬合約

　　傑伊無意中提到了這個禮拜要去浦鎮開幾天會議，討論今年的採購招標計畫。我立刻問他：「聽說浦鎮有一個一千萬美元的專案要在下半年招標，而且聽說因為是大型專案可能會被列入full and open。」他尷尬地笑笑沒有回答。我再問：「有沒有可能考慮改成中小企業類別？」也許是看到我眼中急切的盼望，他這才略帶勉強的回答說：「這恐怕很難，因為要找到足夠多的中小型企業，並能證明他們有能力承包這千萬美元的計畫，才能開放給他們來競爭。」

　　我仍不放棄繼續追問：「那麼你能給我一個機會，讓我來說服你及其他關鍵人物嗎？我有自信可以組成一個足以承擔你們要求的

每一個細目的團隊，你能給我這個機會嗎？我也可以邀集至少其他兩個跟我們差不多或甚至比我們大的中小型企業，組成有能力的團隊來互相競爭投標這工程。」他面有難色靜默著迴避這個問題。

當天下午休息時，看到傑伊在大廳另一頭，我忙鑽過個個比我高大的人群擠到傑伊身邊，抓住機會再追問他：「可否跟著你一起開車去浦鎮。我只需要一點時間介紹我的公司、技術以及經驗，我甚至可以說明我組成競標團隊的能力。」也許是不忍心拒絕一位女士的堅持請求，他勉為其難的說：「那你就開車跟著我吧！但是我不確定你是否有機會見到這些關鍵人物，或有多少時間可以談話。」

車下了肯塔基州的高速公路，進入浦鎮。我在一年前，曾經帶了幾位環整技術人員來過，做了一個多小時的展示會，所以這個小鎮對我來說也還不算太陌生。在崎嶇的小路上開著開著，一轉彎忽然看不到傑伊的車，這時心中又增添忐忑，不會在最後關鍵時開車跟丟了吧！我緊張地在附近轉了好幾個圈子，終於在稀疏的樹影中看到了他的車泊在一個很小的停車場，旁邊一棟頗不起眼的房子，就是會議地點，心中的石頭這才放下。

我停好車急忙地趕到大廳，接待員說他已經進去開會了。我依例註冊名字後就在會場外等候，眼盯著會議室大門。經過漫長的一個多小時，終於一群人從會議室走出來。我帶著自信笑迎上前，傑伊這才一一介紹我和他們認識。我依次握手，介紹我的公司，然後把公司的資料放在他們的手裡。大概由於是小城鎮的關係，這些人

都還算和善並沒有拒人千里之外。其中好幾位我記得前一年在展示會上曾經見過面。

我誠懇地直接表明我的要求：「雖然也許你們認為這個千萬美元的環境工程計畫對小公司來講有如小蛇吞象，難以得到你們的信賴，但在小型工程企業群裡也有許多優秀的公司，都有能力組成團隊來競標，請你們考慮把這項工程列入小型企業類別裡面，給我們一點機會。」

十幾個人當中唯一的一位女士顯然是這次計畫的經理，我見過她。當握手時，我很高興她還記得一年多前我帶了我的人員到此做展示，特別是我們從威州一路開了近八小時的車過來然後當天又趕回去，可見她對我們這小公司的真誠與辛苦印象深刻。我同時告訴她，我們現在已經在田州開設了辦公室，就是為了要長期駐地發展，為他們服務。

年輕的闖勁

當我走回停車場時，天色已暗。我開著車在小鎮的彎曲道路上前往預訂好的小飛機的機場，心裡明白這只是一個起點，我還有一串很長的任務要去完成。第一，我要去通知幾個小型公司，請他們也要進行這項遊說工作，讓這些關鍵人物把招標計畫改成中小企業類別。第二，當時我們的公司只有不到一百個員工，在環境工程行業裡，有許多所謂的小公司都比我們大得多。所以我的策略是組成一個有勝算的團隊，要包括那些能提供我們所沒有的技術和人員的

公司。這個就是我接下來要做的投標計畫了。

我在黑暗中把車停妥,才注意到這小機場真可愛,只有兩架小飛機停放著。當我坐在那架只有二十人座的小飛機,在暗夜中飛向下一個業務城市時,我知道接下來幾個月有更艱難的任務在等著我。只記得當時心中只有興奮和期待,好像並沒有太大的憂慮。現在想起來也許那就叫做年輕時的闖勁吧。

組隊就緒　搶得先機

我回去後立刻在幾個月內聯合幾家公司組成了一支很強的團隊。六個月之後這個專案招標公布了,MM公司真的規定必須員工500人以內的中小企業才能投標。在那時,我們已經搶先一步,組好一支堅強的團隊,並且花了兩個半月的功夫準備投標。我雖然對自己的團隊有信心,但是再強大的團隊也常會敗在投標價錢和文件細節中,無論是工程規格、品質規範、品項數據有瑕疵,或價錢無競爭力,都有可能失去投標的資格。即使取得了投標資格的門票,也要品質、價格都能勝出才能標得工程。當時我的先生勝年帶著一組人,留在歐市辛苦工作數個禮拜,始完成整個投標作業。

第二年春天MM公司傳來好消息,我們得到了這份千萬美元的工程,要分三年做完。我終於擠進了聯邦大型環境整治計畫的窄門。

（本文原刊登於聯合報繽紛版）

美國夢的起點 ★★1

艱澀的芝城歲月

在伊利諾理工學院意外又幸運地得到了教學助理獎學金，
我轉行走入環境工程的起點，
原以為我們夫妻可以一起就學至畢業，
但人生的變化永遠是在計畫之外，半年後……

1977年到達芝加哥時，我並沒有明確的讀書或工作計畫。電腦資訊在當時是一個很實用而且容易找到工作的科目，所以我在伊利諾理工學院先選了一門電腦課程，但實際上，我覺得電腦非常乏味。同時，我又修了兩門環境工程的課，那是搭便車，因為先生勝年在環境工程系博士班攻讀，近水樓台有家教可補習。只是環境工程當時雖然看似有潛力，但在就業市場上不及電腦熱門。

艱澀歲月

靠著勝年一份微薄的研究助理獎學金，我們的生活非常拮据，又希望來年把一歲的兒子從台灣接來美國，所以經濟上一定要再開源。那時在芝加哥地區華僑很多，中國餐廳也不少。大部分的台灣留學生除了拿一份獎學金之外，很多人還得在中國餐廳打零工增加收入。剛開始，勝年先到一家中國餐廳，開著自己剛買來的破舊二手車，在寒冬週末的晚上送外賣。幾個月後才找到另一家大型中國餐廳去當服務生，不必再到外面奔波受凍。我則在校區和環境工程系找幾份零工貼補家用。

很快，春季班學分修完，夏季也過了一半，面對自己的未來，

心中開始忐忑不安。要繼續念環境工程的話，我需要學費的補助。目前只是選修幾門課，費用按照學分算並不貴；但是我志在進入碩士班修學位，那就要修規定的學分，付高昂的學費。我在系裡和實驗室裡打工時，有時聽同學私下聊天，提到的常是某位在等待獎學金的研究生想轉系轉校，原因是僧多粥少。

這天，我鼓足了勇氣來到系主任Dr. Patterson的辦公室請教他，雖然我修課的資歷很淺，但是我決心要念碩士，有沒有可能給我一些學費上的幫忙，比方說研究助理、教學助理，或任何經濟補助，無論什麼我都很感激。系主任思考了一會兒說，這樣吧給我一些時間，讓我想一想有什麼辦法。

喜獲獎學金

焦慮等待中過了兩個禮拜，暑假已經快結束了，怎麼辦呢？那天我在系辦公室幫忙，系主任向我招招手叫我進去。他很高興地告訴我，系裡另一位教授Dr. Prekusum願意用我做他的教學助理，這樣我的學費就沒有問題了。

他後面說的話我幾乎沒有辦法聽進去了，因為我已經驚訝得嘴巴都合不攏。是我聽錯了嗎？他真的要把這份助教獎學金給我嗎？教學助理，我能勝任嗎？Dr. Prekusum所教的課正是我下學期要修的課啊！我內心雀躍，反覆自問，臉上可能盡是驚訝和興奮的表情。回到家我問勝年，那是幾句很簡單的英文，我會聽錯嗎？心裡

七上八下的，直到幾天後收到系裡的通知才敢歡呼慶祝。

這是我走入環境工程的起點，如果不是這個獎學金，今天的我可能也許是個家庭主婦，或者從事其他的職業了。

暑假快結束時，我在家裡做了一桌菜，請一位即將轉學遠行的留學生。這位同學是成大工學院的學生，讀環境工程算不離本行。我事先並不知道他要轉學的原因是沒有拿到獎學金。飯桌上他一肚子牢騷忿怨，卻不知獎學金是落在我這個轉行的外系生手上，當時這一頓飯真的難以下嚥。

好長一段時間，我和勝年都一直很納悶，兩位教授怎麼會決定用我當助教呢？許多年後，我自己當了老闆，閱歷增多，回想當時的情形，心中多少了解他們的想法。在許多學生吵吵嚷嚷要轉學轉系時，這位女學生卻很認真的在找各種零工以及獎學金來負擔學費，同時她的先生也已在博士班讀兩年了。對公司或大學來說，擁有穩定可靠的人才，整體營運才能永續不斷，順利推展。我相信我們這對夫妻的穩定性是我雀屏中選的重要因素。

變化常比計畫快

然而，人生的變化永遠是在計畫之外。半年之後勝年和我做了一個很大的決定，這可能是後來我們整個人生的轉捩點。

　　話說，威斯康辛州的密爾瓦基市於七零年代有一個二十億美元的案子被一個大公司組成的工程團隊承包下來。這是一個大型污水處理和輸送的土木環境工程，預計要花20年完成。這不僅是中西部，而且是全國污水處理工程界的一件大事。這個大工程團隊所屬的公司到芝加哥來徵求污水處理專業人才。勝年經過三次面試接到了任職通知，他們所提供的薪水和福利對當時的我們真的非常有吸引力。

　　讀書？就業？我們陷入決定前途的難題。勝年已經在博士班努力紮下兩年的功夫，一下子說要放棄，於心難捨。然而博士班讀下去至少還要四、五年或更久。拿了博士以後就是去教書，這是最可能，恐怕也是唯一的一條路。但是，如果接受這個工作，能夠參加一個幾十年也很難得見到的大工程，其中包括重新設計並重建兩個極大的污水處理場，以及整個城市的污水運輸系統，幾乎囊括了在書本上所能見到的各種污水流程的設計以及應用。這對一個學環境工程的專業人員來說，是夢寐以求、千載難逢的學習機會。

先生赴外州工作

　　最後，勝年在教授的同意下，把博士論文的一部分簡化成一個碩士論文，得到他的第二個碩士，然後離開學校，在1979年到威州上任去了。

　　我們在隔年的初冬，終於把兩歲的兒子從台灣接過來。我帶著

兒子留在伊利諾理工學院繼續修課,同時也開始我的碩士論文實驗工作,勝年則到百里之外的威州上班。

做這個大污水工程的設計之前,要先做一到兩年的先期模擬試驗,證實流程的可行性,並把全部相關數據都收集全了,作為將來實際作業的基準,才能開始做設計。先期模擬試驗是一個連續性的工作,一週七天每天24小時不能停。所以研究工程人員要輪班守著這個實驗場,隨叫隨應。勝年週間正常上班之外常要加班,一星期工作七十個小時很平常。週末還要開兩個小時的車回芝加哥看妻兒。那破舊的二手車,好幾次讓他在寒冬結冰的州際公路上打滑溜出公路,每每讓我揪心掛慮。

襁褓 夜伴 美國夢

我做的論文是污水的生物處理過程,每幾個小時就要回實驗室照顧培養的微生物和收取數據。我經常需要在晚上從宿舍走到對街系辦公室樓上的實驗室去工作。伊利諾理工學院位於芝加哥南區,是一個非常不安全的區域。校區和宿舍之間的馬路上方有地下鐵的高架出口,是治安的死角。我剛到芝加哥的第二天,就看到新聞報導有人在該處遭持槍者搶劫。好多次在晚上,因為找不到baby sitter只好抱著兒子從宿舍走到對面的實驗室。有時必需在實驗室待上兩三個小時把工作做完,只好把兒子放在實驗室的椅子上讓他坐著睡覺。等到實驗做完後已經三更半夜,不敢走回宿舍,都是打電話請校警來把我們載回去。

　　兒子稍大以後問我，他為什麼有個印象，我和他在黑夜裡被局限在一個黑暗的大建築物裡面，還有警車來接我們？大概就是這段母子一同熬夜作實驗的記憶，烙在他的心裡，印象深刻吧！

　　有先生的支持，還有襁褓幼子的陪伴，我一步一步走向我的美國夢。

　　（本文原刊登於聯合報繽紛版文題為：「襁褓夜伴美國夢」）

命運操之在我

商業競爭如殺戮戰場而專業生涯也是有高低起伏。
我的第一份工作讓我了解到美國商界競爭的現實與殘酷。

勝年在密市工作，而我在芝城讀書的那段時間，婆婆和母親幾次到芝城來看望我們，逗留兩三個月，幫忙照顧我兒子，讓我專心攻讀碩士。在留學生圈裡，婆婆的一手台菜和我母親的拿手北方麵食，撫慰了我們的思鄉之情。

由芝城到密市

把在實驗室的數據取足之後，我就決定搬到密市，全家團聚。當時的打算是，我可以一面寫碩士論文，一面找工作。至於不足的學分可以自行研讀與學科有關的指定書籍，並寫報告來補足。

還記得那是1980年，搬家的那個早上是一個天氣晴朗的日子，我母親剛好來芝加哥探望我們，老人家就幫著我們一起搬家。勝年租了一輛U-Haul，由他開車，母親抱著兒子坐在前座（那時還沒有用安全帶的嚴格規定），我則坐在後座中間，用手擋住幾件還堪用的舊家具，準備帶到密市新家去。母親說，我們這個樣子好像她當年逃難到台灣的情景。

那時雖然日子拮据，但是心中充滿了對未來的憧憬，所以也並不覺得特別辛苦。

論文觸礁

沒有料到的是，當我開始準備寫論文時，才發現從實驗室所收集的數據有許多漏洞，這些不足的數據其實應該要再做實驗把它補足。但是，我的微生物流程實驗已經整個被拆除，要請實驗室幫我重組這個實驗流程，而且重新培養微生物來完成我的實驗至少要數月之長，系裡是不可能答應的。為此，我在剛到密市的前幾個月，經常往返芝城，去找指導教授，討論如何能利用這些不完整的數據做出碩士論文的結論。而在這同時，我還要忙著投履歷去找我的第一份工作。

大公司大團隊，人事雜壓力大

幾個月之後，事情開始慢慢地有了進展。我在先生的大工程團隊裡的C公司找到了一份工程師的工作。這家公司以環境工程見長，是全國甚至是世界級環工界執牛耳的公司之一。勝年為我高興之餘也十分驚訝，因為他自己任職的公司是以做交通工程為主，環境工程為輔；而轉系又轉行的太太竟然能進入這個名氣響亮，早期在教科書，和許多污水處理案例裡面被提及的C公司。雖然這份高興在不久的未來變成憂慮，但是那時以一個剛出道的外籍學生來說，實在是值得雀躍的事。

我首先被分配到廢水處理場收集數據，後來又負責在處理場和市中心的總部之間彙整所有的資料。這時我在論文上觸礁，加上新

工作的壓力，以及全家尤其是兒子到了新環境的適應調整，生活陷入了極端的不安、壓力和煎熬。

　　這個大工程團隊的龐雜是我工作壓力的來源。他是由總顧問H公司，也就是總承包商，帶領十幾家公司，近千位工程技術人員所組成。每次分包工程，就要由總顧問公司指派的專案經理來甄選適合的技術人員，所以一個工作團隊裡的工程技術人員可能分別來自不同的公司。為了要搶食大餅，每一家公司都會用盡各種推銷手腕，關說遊說，把自己的人員塞進各個工程任務內。而這些工作人員本身也要認清局勢，向外發展，眼觀四面耳聽八方，尋覓工作機會與更好的前程，不然自己的工作可能都會保不住。在這樣一個工作環境裡，對我這個初來乍到，英語非母語的外國人來說，實在是很大的挑戰。

　　即使有些公司順利的爭取到一個分包工程，把自己現有的人員分派到工作團隊內，可是馬上就得著手規畫下一個工程所需人員的經驗年資，特殊專長等等，時時備戰，維持競爭實力。至於那些一時沒有拿到分包工程的公司，也得設法去爭取下面幾個工程計畫的機會，才能安排眼前閒置的人員。一般情形下，工程顧問公司是不會徒花費用，白白養著沒有工作任務的人。

　　公司在城的另一邊有一個小辦公室，只有一位經理和兩位行政人員處理密城的業務。有一次我從市中心的團隊總部去到這個辦

公室，看到幾位工程人員坐在經理室的外面等候談話。這時從經理辦公室走出一位我熟悉的同事，鐵青著臉，連我向他打招呼都不回應。等我辦完事情向其他人探問，才知道剛才那位工作夥伴已經被解雇了。好像其他兩三位等候談話的同事也遭到同樣的命運。

商界競爭 現實又殘酷

後來我才知道，C公司雖是環境工程方面的佼佼者，但在數年前與H公司競標這項20億美元的大工程時不幸失利。雖然後來勉強在工程團隊裡分到了一小杯羹，但在總顧問公司與密市污水及地下水道管理局的合約裡，並不是主導的簽約公司。因屈居人下，難以相容，到最後全盤皆輸地離開了這個工程團隊。這期間C公司聘用了一位比較資深的工程師，他也是台灣留學生，是工業廢水博士。公司希望能借重他的專長開拓密市的工業廢水市場。也許要開發某一個特殊的市場不是一件容易的事，沒多久他就離職了，後來聽說他回台灣發展。不久之後，C公司幾乎也就結束了在密市全部的業務，甚至在往後的數十年都沒辦法再在密市重整旗鼓。

商業競爭如殺戮戰場，而專業生涯也是有高低起伏。20多年之後，這位工業廢水博士返回美國，到我創辦的TN&A公司總部來謀職。我把他介紹給我們加州辦公室的經理，因為我們在加州做的工程跟他的專長比較接近。可惜後來並沒有談成功，沒能幫上忙。

我的第一份工作讓我了解到美國商界競爭的現實與殘酷。後來我自己經營事業，也幾次陷入現實與人情兩難的掙扎，為找出妥善的方案而常常焦慮失眠。

命運操之在我

說來我與這第一個任職公司的關係也很曲折。在我離開C公司時，當然沒有想到在後來的20年，我和老東家會有多次的接觸，其中有兩次最特別。第一次，他們派人來探詢，希望能接手我們贏得的一個合約；另一次是希望併購我們在威州的一個工程部門。

人生很難逆料，你從來都不知道未來會如何發展，但是我永遠相信命運是操在自己的手裡。

轉行不易 關卡接踵

我到美國，轉系、轉行、領取獎學金、做論文、找工作，
都有很多偶然的幸運，
而我的另一半勝年則是永遠的幕後指導教授。

當我在C公司工作時，也正是碩士論文一直膠著不進的時候，我心中有很大的壓力和恐懼。因為如果論文不能完成，拿不到碩士學位，我這幾年的努力就白費了，更不要說去報考工程師執照。C公司是以工程師之職錄用我，這個學位是我在工程職場上的一個基本必備條件。

峰迴路轉

後來我離開C公司，先用幾個月的時間把全副精神放在完成碩士論文上。經過反覆思索和與指導教授的討論，我決定用現有的數據做成最可能的結論。當時指導教授的主張是，他想用這結論的趨向來啟發另外一個論文，甚至可能是一篇博士論文。這個決定在我論文膠著的谷底之際，居然激起了老師另一個創作的泉源，也頗鼓舞了我。

幾個月後，論文終於完成了。我在1982年的五月，被邀請到印第安納州普渡大學的工業廢水年會上發表我的論文。這篇論文也被刊登在當年普渡大學工業廢水的學刊上。

我先生在這期間其實是我的另外一個指導老師。他前前後後細

讀、修改我的文章，然後再由我的教授做最後定案。在論文發表前的幾個晚上，我在家裡反覆預習了幾次演講，勝年預先準備了各種可能質詢的問題，以便我能應對。

論文發表

那天在年度討論會的會場上，指導教授和勝年都非常活躍，因為有許多他們的舊識與同行同學，而我幾乎被冷落在一旁。但我演講完了以後，反應出奇地熱烈，我也應答自如。我這篇論文的結論指出了這個生物處理流程一個很大的潛力，和可能發生的方向，並期望能引發進一步的實驗，做出一個絕對性的結論。

有時回想起來，我到美國，轉系、轉行、拿到獎學金、做論文、找工作，都有很多偶然的幸運。然而這些幸運在後來的幾年裡，卻被許多其他的困擾取代。最典型的例子之一就是我申請工程師執照的過程。

我的光輝，他做後盾

勝年攻讀土木本科，他在淨水、污水以及工業廢水處理，也就是衛生工程，或是後來改稱的環境工程學科上，讀得非常透徹專精，是我的導師。還記得在學校時，曾有幾位博士班候選人，在綜合口試的前一晚到家裡來，徹夜向勝年討教，並模擬第二天教授可能出的討論專題，尤其是在污水和工業廢水的流程以及統計方面的

專業知識。

　　勝年如果留在博士班，大概會和他很多同學一樣拿到博士學位，成為一名教授。他第一個碩士是在台灣拿的，第二個碩士論文則是急就章。他在美國攻讀博士其間，為了要接受一份待遇很好的工作，用統計理論簡化了一個需要做實驗的博士論文，將之改成碩士論文，取得第二個碩士學位。

榮耀過後　關卡接踵

　　倒是我，一個半路出家的轉系生，陰錯陽差地做了一個生物處理流程方案，在指導教授和先生的指引下，完成了這個可以發表在年刊上的論文，而且能在眾多的專業前輩面前親自演講發表。我當時的確享受這短暫的光榮。當我站在講台上，面對眾多的教授、博士與碩士們，心中充滿著謙卑和感激，並深受鼓勵。當然那時並沒有預料到後來會有許許多多的波折正等著我呢！

一步一腳印　凝聚能量

考試通過了，但工程師執照卻未發下來……。
在申請執照的過程中我經歷了與政府官員陳情、
請托同僚推薦、用仍然生疏的英文準備書面爭辯、
舌戰審核委員會。這段惱人的歷程，
在我以後面對客戶、同行競爭者、自己的高級幹部，
甚至法院爭辯，都變成可貴的資產。

公司越換越小　實際經驗越豐富

完成論文並拿到碩士學位之後的幾個月，我在密城北區一個剛剛開創的小公司找到一份工作。在大工程團隊中壓力太大，而且人際關係複雜；參與一個小公司能夠經歷的工程規模也許比較小，工作壓力也相對減輕。那時我希望能陪伴孩子一起成長，享受在這個農業州安定的家庭生活，學一些經驗，不要老是被工作、家庭和學業壓得喘不過氣來。沒想到在這家公司一待就是好多年，直到我生了女兒才離開。

這是一個剛起步的公司。老闆和我們不到十個職員，除了秘書全是工程師，其中我的資歷最淺。我們這幾個人，每天互相討論，一起做市場調查、推展業務、規畫設計，乃至於最後的總設計。有時繪圖員不在時也要自己動手做最後的藍圖。（那時電腦還很落後，也不普遍）。遇到收集的數據不足時，就戴起工程安全帽親自到污水場、工地，或下水道去取數據或現場偵查。有時也會帶著下包商的測量團隊到現場去。

執照之戰

由於工作輕鬆，人事單純，每天固定時間上下班，於是我有餘力開始準備工程師執照的考試。這是每一個工程師必備的條件，本來也不是一件太困難的事。通常是參加一個16個小時的考試，包括8小時EIT——Engineer in training（實習工程師）和另外8小時PE——Professional engineer（專業工程師）的考試。通過以後，再加上四年工程師的執業經驗，就可以取得工程師執照。對一個工程系畢業的學生，這些考試應是不難過關。記憶中勝年兩項考試都是幾乎滿分。所以我也沒有把考試的難度看得太高。

沒料到，因為我大學非主修工程，在申請階段就數度遭到質疑。幾番解說，最後終於准許我參加考試。我的工程基礎不是特別強，許多最基本的工程課程對我來說是有些難度，因此EIT和PE花了我不少準備的功夫，所幸都通過了，並且照規定請到五位資深專業工程師做我的推薦人。

沒有想到真正的難題來了。當我送進全部資料，等了幾個月後，得到的通知竟是沒有通過。理由是我沒有足夠的經驗。其實那時我已經在環工界工作四年了。反覆的書面詢問，得到的答案很簡單：每一個工程師應該需要八年的工作經驗，除非是工程系畢業的學生，因為學士四年工程課程可以抵四年的工作經驗。我的學士學位不是與工程有關，不能計入，所以我需要另外四年額外的工作經驗。

我非常懊腦。因為我經手設計並參與了許多工程計畫，急需擁有工程師執照。於是開始為期一年多的書面戰爭。最後爭取到一個當面申訴的機會。我跑到州政府的專業執照考核與監督委員會，一個多小時舌戰五位委員，極力陳述我的理由，但是委員會還是不肯改變決定。我和他們繼續書面纏戰一年都沒有成功。直到多年後，經驗累積遠超過所需要的八年，自己都開公司了，再度申請才取得工程師執照。

艱難歷程變資產

在申請執照的過程中我經歷了與政府官員陳情，請託同僚推薦，用仍然生疏的英文準備書面辯論，並舌戰審查委員。這段惱人的歷程，在我以後面對客戶、同行競爭者，自己的高級幹部，甚至法庭爭辯，都變成可貴的資產。

當我找到這小公司的工作不久，勝年也離開了那個大工程團隊。因為他的公司以一般土木交通工程為主，環工為輔，所以他們在總合約中被分配的工作，也比較偏重在一般工程設計，而不是他所專長的環工流程設計。

那時在威州中部有一個以製紙聞名的工業城，距密市大約一百英里。這城市有一個幾十人的工程公司剛贏得三個中小型廢水處理場的工程合約，老闆是土木工程師兼有環境工程的背景，需要一位設計工程師當專案經理。勝年與這位老闆面談了幾次之後，接受了

這份工作，又開始了每週的開車生涯。

　　身為專案經理兼設計師，他需要研讀威州自然保護局的各種法規與設計規範，最後並一手和州政府商討、申請建築許可與營運許可。這個經驗在他後來的專業生涯上是一個重要的里程碑。他大概也沒有想到，多年後這些知識與經驗，在與公司資深專人討論時，順手拈來用於指示如何應對政府機關的法則條例。

　　在一個大工程團隊時，總期望會經歷到許多大工程的種種專業設計，並且用到我們所學的專業知識。可惜我只能看到其中的一小部分裡面的一些定點。在層層的人事結構與重重相疊的工程細節裡，想要爬到金字塔的上半部或是瞭解工程的全貌好像遙不可及。也無法想像要到什麼時候才能夠看到整個公司的營運與大工程運作的全貌。

順境逆境都是歷練

　　我與勝年在上萬人的大公司，近千人的大工程團隊，乃至於幾十人的小型公司都工作過，我們深深的了解其間的區別。幾年後我自己成立公司時，才瞭解在這小公司所累積的經驗對我經營事業的早期，幫助很大。例如學到的市場調查與業務發展，競爭能力的評估與對客戶的瞭解，如何建立有勝算的團隊等等，都是贏得合約的要素。在職涯中所經歷的任何順境與逆境，都會豐富所需要的歷練。當時也不會料到這些千錘百煉而得到的知識與閱歷，是奠定你後來事業的基石。

累積人脈資產

你也許不知道很多與我們有過接觸或
擦身而過的同業或專業同仁，將來可能會再有交集。
這些朋友都會是我們事業上的資產。

大團隊人才濟濟

我們拿到學位離開學校，就先後加入了那個近千人的大工程團隊，當時的確有點不知所措。那個工程團隊有數家極為大型的工程顧問公司、一些當地的中小型工程顧問公司、以及各地來的次包商；還有一個更重要的大角色，就是我們的客戶──密市污水管理局。這個機構有近千位污水、環保等各種工程的土木、化工、機械、電機、化學、生物、統計等技術人員，再加上行政員工，包括經常上電視被訪問的局長，人才濟濟，公私部門合起來有近兩千人。年輕的我們，當時怎麼也沒有想到這些人脈，後來竟是我們的專業資產。

勝年在R公司陸續完成了三個小型污水處理廠的設計，申請建廠許可，正準備著手計畫建廠事宜。這時有一位舊識，也是他以前的客戶──密市污水管理局主管流程研發及試驗部門的經理──莫斯先生打電話來，表示流程部門需要一位污水處理流程工程師，希望勝年能加入他的部門。

勝年那時也很猶豫。這家只有幾十人的R公司雖小，但他是公司的重要幹部之一，獨掌全部廢水污水處理的業務。對一個出道才

幾年的工程師，有機會完成三個污水處理廠的設計工作，將來還有更多的市場待發展，能一展才華，深具挑戰性和前瞻性。更令人動心的是，老闆曾提過將來會給幾位幹部公司的股份。

最後讓他決定回密市參加污水管理局流程部門的工作，最主要的原因是他對每個禮拜返家來回將近四個小時的車程，實在有些疲憊了。

從工程設計轉入污水流程處理

參與政府的業務，工作安穩而且福利很好。流程部門的工作是他的專長，手到擒來。他雖然知道政府有層層官僚限制，可能會阻礙前途的發展，至少他現在可以和家人朝夕相處，不必再兩地奔波。日進日出在規律工作中，每天解決各種污水處理流程的技術問題，研發更有效率的方法以降低出水污染物含量。

在污水處理過程中，好氧微生物處理流程是很重要的一環。這個程序是應用好氧細菌將有機物質分化成二氧化碳和水。這是一個高度複雜的流程，包括污水的流量及流速、在水槽中停留的時間和溫度、細菌的濃度、氧氣的供給量等等許多重要的因素。那時威州自然資源局提高了處理標準，除了一般有機物質外，還增加某些有害氮化物的出水標準。負責的顧問公司主張增建污水處理流程的水道容量，並且增加氧氣量。這樣的建設至少要花上數千萬美元。

年輕工程師一夫當關

勝年想到一個方法，不需要增建污水處理流程的水道容量就可以達到標準。這先要研發部、化學生物試驗部與處理廠運作部共同配合做幾個月的試驗來確定其可行性。

然而，這個方案被同一部門的另一專業人員質疑。這位專業同仁是一位有趣的人物──瑞德博士。他的學術背景不同凡響：史丹佛大學學士、加州理工學院土木工程系碩士、約翰霍金斯大學公共衛生博士。我早年看到他幾次，都是帶著紅色小領結，這可能是在加拿大皇后大學教過幾年書養成的習慣。這在美國的大學很少見到。記得在一次會議，瑞德把鞋子脫了，光著腳上台報告，所以我對他印象很深刻。

當他與勝年在工作上論辯的時候，我當然也沒想到許多年後我們和瑞德夫婦成為打高爾夫球的四人幫。因為常在一起打球，我慢慢窺知瑞德夫婦的自由派思想。對於瑞德和太太的自由派本色，我們多年後在美國社會參與愈多、了解愈深，有了不同的認知。

瑞德和勝年在如何運用轉換有害的氮化物的程序（nitrification）上意見相左，兩人辯論數天。最後莫斯決定採用勝年的方案，指示污水廠的運作部門撥出幾個污水流道，依照勝年的方式進行試驗。數個月後，這個方案被證實有極大的功能，可降低出水有害氮化物含量，根本不需要增加污水流程的水道容量。

50

　　污水管理局持勝年的解決方案向自然資源局提出申請。然而，自然資源局卻採取懷疑的態度。以政府機關的立場來說，他們希望能採用傳統保守的方法，就是增加處理的容量。勝年不同意，說服了污水管理局的律師向法院提出仲裁。勝年親自出馬，與安東尼律師一起去法庭解釋整個方案的過程與結果，強調污水廠可以不用花數千萬納稅人的錢增建任何設施，就可以達到要求的標準。最後終於說服了法官，確認這個方案的可行性，解決了這一僵局。這個方案所證明的流程重點因素，在後來許多年一直被這個污水處理廠應用。

勝年調配的園藝肥料

　　在全美各地的園藝中心有一種有機肥料叫Milorganite。那是密市污水管理局利用污水處理之後，剩餘的固體廢料生產出的一種肥料，大多施用在高爾夫球場上。每當我們逛園藝中心時，先生都會指著上面的說明標籤，驕傲地說Milorganite肥料的成分是他採用不同污水廠的固體廢棄物處方調配，達到商用標準的。這也算是他年輕時的一個小成就吧。

為污水處理局擬出方案，說服工業界法律代表

　　其實最值得一提的是，勝年以一個年輕的工程師，參與了一宗污水管理局與整個密市的電鍍工業界的法律爭端。當威州自然資源局對密市污水管理局緊縮污水出水標準時，污水管理局也同時對工

業界施壓要求降低工業廢水的濃度。

　　勝年為污水管理局研發出一個建議方案，利用統計的方式制定一套數據，是工業界可以達到，也是污水管理局可以接受的標準。未料，這在整個工業界掀起了軒然大波。原因很簡單，緊縮工業廢水的污染含量就是表示要增加廢水處理的費用。對競爭已經很激烈的工業界來說，增加費用，等於是減少了競爭力。工業界組成了一個律師團，由一位叫蓋勒的律師領頭，要求與污水管理局開一個商討會。

　　莫斯對於要面對伶牙俐齒的律師團隊，以及可能產生的針鋒相對局面甚是憂慮。他考慮勝年的英語能力可能無法應付，決定由研發部門的另一位專業人員大衛去解釋這些統計數據的來源。大衛是一位熟知電腦統計軟體的專業人員，但是對廢水處理，知其然而不知其所以然。莫斯的決定令勝年相當的不愉快。

　　果然在那個商討會中，大衛的解釋無法令工業界信服。他們甚至認為大衛是捏造數據。雙方造成了僵局，決定擇日再談。

　　會議之後，法務部的克勞夫律師由莫斯帶到勝年的辦公室，詳細解釋之後，才逐漸了解整個統計數據、技術根據、廢水處理及試驗方法的來龍去脈。

　　幾個禮拜之後，污水管理局法務部邀請全部工業界的代表，與

他們的律師團再次進行一次說明會。這次是在一個大會場中舉行。會議由法務部門主持,勝年主講。在一個多小時的商討過程中,他深度地解釋了廢水處理流程和統計數據的來源,強調這是污水管理局可以接受,工業界可以做到,同時達到威州自然資源局與聯邦環保署規定的三贏策略。

後來我從其他同業的口中得知,會議之後整個工業界幾乎無話可說,只有同意接受這個提案。律師團代表蓋勒上前與勝年握手,並承認工業界無法反駁這個結論。蓋勒本身也是一位土木工程師,後來進入法律學院成為律師。

擦身而過的人都可能是事業上的資產

蓋勒律師在我早期經營公司時期,曾與我們幾次合作投標。你從不知道很多與我們有過接觸或擦身而過的同業或專業同仁,將來可能會再有交集。這些朋友都是我們事業上的資產。這是我後來做生意的一個領悟。

30多年後,在我們的退休晚會上,污水管理局當年的局長,馬其西先生站在台上暢談感言的時候,也提到了這宗法律事件。兩位律師中的一位也出席了這一個退休晚會。

馬其西後來與我們是多年的同業同仁,他在我們工程界中可算是把傑出的好手,不但專業卓然,有魄力與領導力,口才又好極

53

具說服力。他離開污水管理局局長一職之後，曾出任密郡工務局局長。後來又被兩家大公司，包括我服務過的C公司延攬，在中西部獨當一面。也曾經擔任過我們一個子公司的總經理。

馬其西在退休後，仍然活躍在一些非營利機構，主持許多像威州水資源計畫委員會等等的機構。目前也是我和勝年所成立的工程獎學金基金會的甄選委員之一。

在密市工業逐漸沒落以後，工業廢水的污染含量逐漸不是一個大問題。莫斯在先生離開10幾年後，也決定離開污水管理局另謀續章時，我們聘請他成為密市一個工程部門的經理，一直做到他退休為止。

勇敢迎向挑戰

威州──我的第二故鄉

威州密市工業的沒落，其實是許多美國工業城的縮影。
主因應是由於發展中國家提供廉價的勞力與不注重環境保護，
故而成本偏低；當然也是因為
許多發展中國家給予眾多優惠待遇所導致的結果。

威斯康辛州號稱屬於美國中西部，事實上他在中部偏東，是所謂美國的heart land。北面與密西根州接境，東邊有台灣面積兩倍大的密西根湖。地廣人稀，面積約有台灣的五倍大，而人口只有台灣的五分之一，大約五百萬。我住的密爾瓦基市位於威州東南角，距離芝加哥只有100英里，與附近的小城市合計人口有100多萬。

曾經工業繁盛

八零年初我剛到時，密市工業還很繁盛，其中以啤酒釀造業最有名。當時全國甚至全世界不少的名牌啤酒都是在密市設廠釀造的。密市的棒球隊──釀酒人隊Brewers就是以此為名。那個年代有許多非常受歡迎的電視連續劇是以密市的啤酒工業，或啤酒工人的生活趣事為背景。例如講述兩位啤酒女工種種趣事的知名連續劇「拉芃與雪莉」（Laverne and Shirley）。另外電視喜劇「快樂日子」（Happy Days），也是以密市小城快樂生活為背景。這兩部連續劇捧紅了好幾位導演、製作和演員。像演拉芃的Penny Marshall與演Richie的Ron Howard 和演Fonzi的Henry Winkler。其中最成功的一位可能是Ron Howard，他後來成為極為知名的導演。導過的電影包括由天王巨星Tom Hank 主演的

「阿波羅13號」（Apollo 13），以及得到奧斯卡金像獎由Russell Crowe主演的「美麗境界」（The Beautiful Mind）。

威州又被稱為Dairyland，以養牛和產製乳品出名；同時也是一個生產業蓬勃的工業州，除了啤酒業，在我八零年到達威州時，製革、鍍金、造紙等工業都造就了威州的富庶。中部的幾個城市包括Appleton與Neenah，都是造紙工業的重鎮。世界有名的Kimberly Clark 就在這區域。著名的美國足球隊Green Bay Packers(綠灣包裝人隊)，就是因為位於造紙工業區內的綠灣市而得名。

哈雷機車名揚世界

製造世界名牌哈雷機車的哈雷·戴維森公司（Harley Davison），其總部就是在密市。每次出外旅行遇到外國人，提及我是從美國密市來的，他們馬上就聯想到有名的哈雷機車，這已經成了密市的代號了。每當哈雷戴維森的年度慶典或是其他紀念節日，常有成千甚至上萬輛的哈雷機車從各地而來，在密市的街道上遊行，轟隆轟隆呼嘯而過。長髮留鬚的騎士們和他們的後座美女，人人身穿黑色皮衣，一片烏壓壓，加上雷鳴般的車聲，彷彿深怕人們不知道他們的存在。

威州另有不太為人所知的國防工業。密市有鋼鐵廠替國防部製造國防用品、車輛、飛機等的零配件。

電子工業在後期也成為密市的一個特色。

瓦基夏市Waukesha，是密市周邊的一個小城市，美國奇異公司（GE）在此設立了一個研發製造中心，專門生產醫院檢驗以及醫療用器材。

2017年，台灣富商電子業大亨郭台銘先生計畫在威州東南角的基諾夏市Kenosha建立電子發展中心，當時得到前州長與眾議院院長的強力支持，冀望帶給威州新的電子紀元。

酷寒北國

地處北國的威州，冬天非常冷。密市因為有密西根湖的影響，算是稍微溫和一些。但是寒冬酷冷時刻，溫度會降至華氏零下20幾度（攝氏零下30度左右）。從密市往西60英里就是州政府所在地的麥迪遜市Madison。威州大學麥迪遜校區是美國著名的州立大學，出了將近二十位諾貝爾獎得主。這裡比靠湖的密市還冷。記得兒子上大一時，我們在冬天去學校看他，那刺骨的寒風至今難忘。校園裡的大湖結了厚冰，年輕人把它當成溜冰場。

從麥迪遜市往北四個小時就到了瓦薩市Wausau。冷空氣和合宜的土壤造就了這個城市成為有名的西洋蔘產地，廣銷亞洲。

工業帶來嚴重的廢水問題

由於各種工業林立，工業廢水就變成一個大問題。在七零年代，鄰居伊利諾州申訴法庭，要求密市嚴格管制排放的污水，以解決密西根湖污染的問題。其中一個很大的原因就是，密市的下水道和兩大廢水處理場的容量不能承擔大雨來時的急速雨量，所以在大雨之後，排放進入密西根湖的污水無法符合正常的出水標準。密市繁盛的製造工業尤其帶給下游的世界大城芝加哥很大的污染。

法院判決密市政府必需要做一個長期計畫以解決污染問題。就是因為這個緣故，在七零年末期，密市政府成立了一個二十億美元，長達20年的環工計畫，重建與擴建整個密市的下水道和兩個廢水處理場，加強管制工業廢水。勝年也曾參與這個大建設。

大約從八零年開始，美國環境保護署開始更嚴格的限制工業廢水排入城市污水處理場的各項污染物的標準。各種不同的工業所產生的廢水，非常可能包括許多有毒物質，例如重金屬，有機化合物等。這些有毒物質不是一個都市污水處理場可以負擔的。所以各個工廠都需要將廢水自行先處理到某一個標準，才能放流到都市污水處理場。在美國工業廢水直接排放到河流、湖泊或是海洋是違法的。威州自然資源局更是遵循聯邦環境保護署的嚴格標準，嚴厲的管制工業廢水的排放。

藍領階級勢力龐大

過去蓬勃的工業使得技術工人和工會成了威州社會重要的一環。藍領階級勢力龐大。政府與工業界負責人都需要慎重考慮他們的言論與要求。

威州一向以自由派佔多數。前面所提到的威州大學麥迪遜校區，在越戰期間曾經被反戰份子放炸彈炸毀研究實驗室大樓，引起研究教授死亡的悲劇。威州一向是藍色州，每次選舉總統，幾乎都是投給民主黨的總統候選人。最近一次的例外是2016年，由藍轉紅，投給了共和黨的川普。

環保抬頭　工業沒落

由於種種環境保護的標準越來越嚴格，技術工人和工會越來越多的要求，再加上威州社會自由派的特色，使得各種中小型工業很難在生存競爭中繼續營運獲利。從八零年中後期到九零年末期，前面所講的各種工業相繼萎縮倒閉或遷到對工業比較友善的城市。像名牌啤酒廠米勒啤酒Miller，雖碩果僅存，其實早已被另一家叫Molson Coors的啤酒公司收購了。

哈雷機車可能是少數存活的公司之一。總部雖仍在密市，其實工廠散布在全美及世界各地。哈雷‧戴維森公司也曾經歷過許多經營的困境，從品質不良，勵精圖治，到今天成為全世界摩托車頂尖

的品牌。一個成功的公司都是經過千錘百鍊，才能走上巔峰。

密市傳統工業的沒落其實就是美國一般工業城市的縮影。在美國中西部各州，許多傳統工業都很難生存謀利，這當然跟後起的亞洲發展中國家，提供廉價勞工，無視環境保護的重要性，以及美國近二、三十年來給予發展中國家非常優惠的貿易條件都有很大的關係。

從擁擠的台北到繁華的芝加哥，初來乍到密市時，我非常不習慣。雖說密市有100多萬人口，但是包括郊外的住宅區，整個市區其實很大。我們的第一棟房子位於近郊的瓦基夏市Waukesha，是一棟平房，前後院加起來大約有一英畝。鄰居除了開車擦身而過招手之外，很少有來往。大約一年之後有機會和隔壁鄰居交談，才知道男主人是我們瓦基夏高中的校長。

自由兼保守

威州雖然具有自由派本色，其實另有保守的一面。他地處中部，不像紐約和加州，經常有機會接觸各種不同種族的新移民，威州人對非主流種族的態度是非常有保留的。八零年代，亞洲人在威州是少數民族中的少數。在公共場所，像購物中心、飛機場等，很少看到非白人的其他人種。在同業或公司裡，我們大概都是唯一或極少數的亞洲人，也是少數的非白人。大家雖然沒有把我們當做外人看待，但是無意中也會講出一些讓我聽來刺耳的話。例

如，形容非白人的種族叫做有色人種color people；形容中國或亞洲人等為黃色人種yellow people。一個小孩子在購物中心對著兒子說「Chink」，這是對中國人很不友善的稱呼，就像叫非洲裔為Negro。當時只有六、七歲的兒子握著小拳頭想要上去揍他，但被我阻止了。有些人也許的確不懷善意，但是我想大部分是無意中的口頭禪，這代表了他們傳統上的想法。我常告訴自己和兒子，只有自己站起來，把這些話擱在一邊，即使無法忘記，也不能放在心上當成前進的阻礙。

威洲華人不多，密市也只有數百華人，我們不參加宗教團體，所以一、兩個月才有一次華人交誼的活動。當時我們兩個年輕的工程師，收入不高，需要存錢付房子和車子貸款，生活非常清儉而孤獨。

我在P公司做事的那幾年，生活單純穩定，享受了一段平靜美好的威州生活。威州的清新空氣，郊區的平原綠草農舍，冬天的凜冽寒風，冰天的厚雪，都是這段生活的寫照。

數年後回到台北，走出機場，迎面黏濕的空氣令我有窒息的感覺。人真是一種習慣性的動物，我在台北生長了20幾年，而那時到美國也不過七、八年，我的身體好像已經習慣了清新乾淨的空氣和環境。許多年後我開始旅遊中國大陸，才知道台北濕熱污染的空氣和環境，相較之下其實是好多了，可見台灣的環保規定雖不及美國嚴格完善，仍需改善，但也差強人意。

威州我的第二故鄉

認識和參與美國社會

很多現有的權利，都是前人不斷的奮鬥爭取而來的。
我們也應當要繼續不斷地努力去爭取許多其他平等的權利。
而聲音要被聽到，在能力或是金錢範圍能做到的，
盡量顯現出我們對社會的正面形象，
這樣我們和我們代表的族群才會被尊重，
我們的意見才會被採納，我們的需要才會被重視。

到美國以後，從在學校念書到早期工作，生活圈都是教授、同學和同事，一直沒有機會接觸到一般美國社會，以及華人社團。

活在華人圈裡的移民

在芝加哥讀書時，學校就在芝加哥中國城兩條街之外。有些同學在中國城的餐廳打工，我們也常去那裡的中國餐廳打牙祭，對老一輩的餐館老闆有些許認識。他們有的已經是美國第二代的移民了，然而感覺上他們仍然活在華人的小圈子裡，不像是美國社會的一份子。在威州定居以後，認識一些比我們早來十幾年以上的留學生。他們大多已是教授或是資深專業人士。這些人對美國社會認識稍深，但參與社會活動的程度也是有限。

乍到密市，因為我們不參加宗教團體，唯一與華人的交誼活動就是同鄉會了。但是在只有一百多人的台灣同鄉會中，又有黨派的不同意見。所以有很長一段時間，我們極少參加活動。直到幾年之後，一些激烈份子離開了同鄉會，我們才回到這個圈子，享受了許

多年溫暖的同鄉之情。

等到孩子們到了上中文學校的年紀，我們和一些華人家長也有過一段愉快的交往。只可惜孩子們學習中文的進度緩慢，興趣不如對運動，或其他一般美國孩子的活動大，所以就結束了這一段快樂的中文學校時光。至今仍然很遺憾的就是兩個孩子是目不識丁的華人，只能聽得懂中文，勉強可以講但不能夠閱讀。

一件引起全美華人憤慨的華裔受害事件，促使我和先生在前輩朋友引介下，參加了美華協會Organization of Chinese Americans。從這時開始我才對美國社會有進一步的認識。

陳果仁事件

Vincent Chin 陳果仁是住在底特律的一位年輕華人。結婚前夕，和幾位朋友在酒吧慶祝即將結束單身生活的派對上，和鄰桌幾位也在喝酒的白人有口角。其中一對白人父子是底特律汽車工人。八零年代正是日本汽車開始大量銷往美國之際，汽車工人對日本人和日本車極度反感。這對白人父子誤以為陳果仁與他的朋友都是日本人，所以心懷敵意。

派對結束，陳果仁和朋友走回停車場時，竟被這兩個白人用棒球棒追打致死。這件疑似種族敵視仇殺案，如果發生在40年後的現在，也許有機會得到公平的審判。可是40年前，本案的檢察官

處理輕率，而陳果仁的母親不懂得聘請律師到法院力爭。所以兩位主要殺人犯的辯護律師在庭上輕易說服了法官，僅被以醉酒鬧事定罪，輕判三年假釋。後來有人權團體為陳果仁的母親請了律師，以這對白人父子違反人權為由，向聯邦政府提出控訴，但纏訟數年也沒能翻案。

美國華人社會都認為這是一件很明顯的種族仇殺案件。如果死者是白人，法庭可能不會這樣草率結案。也因為這個不幸的事件開始覺得團結的重要性。團結需要有組織，美華協會就擔起這個重要的角色，對陳果仁案出了很大的力。

美華協會宗旨是提倡華人政治意識

美華協會的宗旨是鼓勵在美國的華人參與美國政治與社會的活動，以提高族群地位，當時常和一些日裔美人的團體攜手，對一些美國政見共同發表言論。這是一個很好的現象，因為即使在今天亞裔在美國的人口比例也只有5.6%，而非洲裔是12%，中南美拉丁裔17%左右。亞洲人如果再不團結，我們的聲音在美國社會將不會被聽見。

美國少數民族的地位

美國對少數民族以及女性的偏見與歧視由來已久，是經過很長的奮鬥，才爭取到今天的地位。美國女性一直到1920年，才有政

治選舉的權利。而黑人得到政治選舉權更晚，是一直到1965年才有的。可見很多現有的權利，都是前人不斷的奮鬥爭取而來的。我們也應當要繼續不斷地努力去爭取許多其他平等的權利。

　　只是近年來，許多所謂的自由派人士，用女性與少數民族做為政治棋子，以爭取他們的權利為由，幾乎到了無視美國憲法與法律規範的地步。舉例，一個少數族裔的非法移民犯罪被遞解數次後，又犯下殺人罪，不管是誤殺或是企圖搶劫殺人，自由派人士對他的同情與對他人權的重視，似乎比對受害者的同情更高，聘請律師替他辯護，為他爭取自由。而另一件法律案件是，一位從無前科的警察誤殺了一個少數民族的宵小，就有上百上千的人走上街頭鬧事遊行，要求法院嚴格處罰這位執法者。

　　我認為凡事應該慎重依法執行。不應該讓一些有特別企圖的人或組織教唆群眾，利用群眾憤慨的情緒掀起風潮甚至暴動。如果不遵從已有的法律，再崇高的理想也會被心有不軌的人利用。

受邀參加政治活動

　　我們有更多機會認識與參與美國政治社會，是在我經營公司之後。當公司的名聲越來越大後，我們經常被邀請參加各種政治活動，包括市長、縣長、州長的選舉，到後來幾位總統和副總統的候選人，以及他們的夫人等的競選發表會，這當然也包括募款餐會。其實30幾年前，我們去參加這些政治活動的目的，主要並不是想

瞻仰這些政要的風采，而是要去見其他參與的同業人士。因為這是可以見到同業老闆或高級幹部的最好機會。他們是我們的競爭者，也可能是將來的合作伙伴。

近20年來，我在公司主導市場與發展業務的任務已慢慢轉移給公司其他的能人高手，但仍然經常參與這些政治活動。去的目的是想表達我們對某些政策或候選人的支持，已經不再是去結識同業人士和發展業務了。

華人對政治疏離

我們曾多次被邀請到私人的政治募款活動。這些活動都是地方上比較有影響力的人舉辦的，他們出錢出力讓支持的政要有機會與地方人士見面，發表政見，爭取選票。我們也曾在家中辦過一次私人的邀請會，支持內華達州副州長的競選活動。也許是沒有主辦的經驗，結果不太成功。我們事先沒有說明基本募款要求，也沒了解到朋友們雖然有興趣來一睹政治人物的真面目，但是不一定願意犧牲幾件昂貴禮服或兩次旅遊的錢，來捐款給他所想支持的人。我想大部分的人都沒有想到，你的政治獻金雖然不可能產生立即的效果，但是會留在這位政治人物的捐款名單上。你代表的不只是你自己和家人，也代表了你的職業社群（你若是醫生，你就是代表了醫生群體；你若是工程師或工程公司的老闆，你就是代表了工程界）、你的族群（你是中國人，你代表了華人或亞洲族群），以及你居住的地方（你也是你居住社區的代表）。

　　有一位華裔演藝人士參加了我家的募款會，事後請人輾轉傳話，要我表示一點回報，因為她認為由於她的出席才能招來這麼多華人參與。我想這都是因為不了解這種政治活動的基本動力是出於你對這些政治人物的支持，不能期望立竿見影的效果。

　　我所接觸的華人，一般來說對政治活動的參與和捐款都不是十分熱心。其實，除了私人邀請的政治募款活動會有基本捐款要求，一般美國人的政治捐款數額也不是很大，數千、數百也可能少至幾十元。捐款是代表你對某位政治人物的支持。當然也有人為支持某種政策而捐獻。比方說，有人大筆捐款給民主黨或其候選人，因為認同自由派的政策，例如增加稅收或擴大政府權力與開支。也有人會慷慨解囊給共和黨或其候選人，因為支持較為保守的政策，像減低稅收或縮減政府開支。

　　除了參與政治活動之外，美國人也多熱心於慈善捐款。政治獻金不能由公司捐贈，但可以由公司的負責人或任何人以個人的名義捐贈。它不能當成費用報銷在公司帳款上，也不能抵稅。捐款給非營利慈善機構則是可以抵稅的。我們經常捐助有名的非營利慈善機構像United Way，Wounded Warrior，以及針對不同的疾病的醫院或醫療組織等。捐贈之前，都會查證這些慈善機構的行政開銷是否太龐大，以及這機構實際上花了多少錢做到了他們所設立的慈善宗旨，然後才決定是否要繼續捐款。前總統柯林頓與他的夫人前國務卿希拉蕊所成立的柯林頓基金會，就引起很大的爭議。因為他們的基金來源、行政開銷與實際上花在慈善宗旨的費用有疑議。

勝年領導美華協會

美華協會就是一個很典型的非營利公益機構。美華協會辦活動，每個人所繳的會費是可以抵稅的。在一些熱心人士的主導下，密市美華協會成立了一個華人子弟獎學金。勝年在擔任美華協會會長之時，並沒有像以前的執行長一樣把交誼與擴充會員人數作為中心業務，倒是著重於整頓其行政組織，以免職權不分、利益衝突。為了減少矛盾與質疑，他要求獎學金監管人、甄選人，與基金管理人應由不同的人來執行。迴避利益，一如他公司治理的原則。

讓族群的聲音被聽見

總之，對美國的認識越深，參與美國政治與社會的活動越多，越能夠了解美國的憲法與法律其實已經完備成熟，政治與社會的組織運作也很穩定；但是仍要與時俱進，符合新的需求，更要徹底的執行；這些都需要有推動的原動力。我們每一個人的參與，就是這原動力。也就是說，我們要被看到，聲音要被聽到，在能力或是金錢範圍能做到的，盡量顯現出我們對社會的正面形象。這樣我們和我們代表的族群才會被尊重，我們的意見才會被採納，我們的需要才會被重視。

與前威州州長湯姆森合影

醞釀下一個挑戰

八零年中期，密市污水系統的擴建大工程，
乃是密市的工程重頭戲。如何累積更多的經驗和財力，
掌握這波機會，是我人生更上層樓的挑戰，
我要如何掌握……

朋友常說，我有做生意的基因。也許吧！因為我的子女也都有做生意的傾向。大三升大四的暑假，我在學校旁邊羅斯福路上一個科學雜誌社找到一份編輯的工作。這個雜誌每週出版一次，針對中學生，刊載一些有關科學的故事、文章，最主要還有複習的題目，以幫助讀者加強學科能力。這個週刊在北部銷路不錯，也看好中南部是一個很有潛力的市場。那時有一位銷售經理和他的女朋友想要成立一個公司，專門代銷這個科學雜誌在中部和南部的市場，問我有沒有興趣加入股東。我說我快要畢業了實在很忙，他就建議我做一個不參與經營的股東。我那時對做生意一竅不通，心想也許可以跟他學一點竅門，所以瞞著家人，自作主張向親戚朋友們集資了幾萬元(相當於當時一般人半年的薪水)，第一次當起股東做生意。

生意基因由負債累積起來

大學最後的這一年，我一直忙著畢業的種種雜事，很少過問公司的事情。這位經理朋友偶爾會打電話報告一下生意的情形，總是說還可以，慢慢會更好。我快畢業的時候接到他的電話，說他和女朋友決定停止營業，請我去辦公室一趟結算。我到辦公室跟房東拿了鑰匙，發現裡面只剩一張桌子和一張椅子。桌上放著一疊財務報表，上面指出他和女朋友的薪水付清之後公司帳款差不多歸零了。

我自己沒有參與任何經營，任憑這位經理股東和女朋友，從每月的薪水和各種旅行及其他開支，把所賺的錢全部報銷掉了。當然從此以後我沒有再見過他兩人。當時年紀輕，對於每個月要繼續還我欠親戚朋友們的債好像也看得開，並不覺得極度心痛。一個大學生，沒有與家人商量就欠下幾萬元的債款，還要自己兼差還債。這是我第一次做生意的經驗，生意基因就是這樣由負債累積起來。

八零年中期，密市污水系統的擴建大工程，乃是密市的工程重頭戲，在緊鑼密鼓中，各種大小的工程計畫交疊進行。從各個不同公司派在不同工程的技術人員也是經常的交錯互用，所以人員的跳槽、延攬與解聘非常頻繁。當我快要生女兒準備請長期產假前，就聽說我做事的P公司老闆，企圖大動作地投資、延攬人才。他原來也是這工程團隊的技術工程師，人脈深廣、腦筋靈活，很有生意頭腦和交際手腕。他的太太是醫生而且擁有一家診所，財力後盾堅實，足以支撐大手筆的投資。

創業念頭萌芽

當時看到P公司的老闆有經濟能力，投資與延攬一批很有市場價值的技術人員，心中有所領悟，而更多的是羨慕。聘用一批薪水不低的技術人員，卻不一定馬上能有工作任務給他，以財務上看，那就是一筆大投資了。而這種大筆資金就是我最短缺的。但是如果公司的眼光精準，這批技術人員能在短期間內帶進一些工程案，財務上就能有所紓解。更有進者，對近期、遠期預估的工程量如果和實際拿到的差距不大，風險就在掌控中了。

這時我已經在醞釀下一個人生的挑戰了……

在產假時，婆婆和我母親輪流來幫忙我們，也不算很忙亂。
有一天，我回公司辦事，注意到我的小辦公室的那一邊燈光黯淡，
人聲稀少；另一邊新擴建的辦公室人聲熱絡，好幾位資深的技術經
理，還有一群有些份量的中級技術人員進進出出，好不熱鬧。其中
還有人認得我，大概記得我是那個多年前剛出道的小工程師吧。我
心中有些黯然，好像回到了第一個工作的大公司，我恢復成一個大
機器裡的小螺絲，可有可無，無足輕重。

我動了要做生意的念頭，和勝年商議開工程公司的可行性。估
量的結果是，我們對美國的社會整體還是了解不夠深，沒有任何經
營公司的經驗，當然最重要的是財力不夠。我們需要累積更多的經
驗和財力才能付諸實行。

初試啼聲

產假中有一天，我抽身和朋友去芝加哥參觀商品展覽會。各種
五花八門的展示貨品，包括紅木家具、地毯、各種設計的首飾，藝
術品等等簡直令人眼花繚亂。這些貨品的零售市價與進口價相比，
利潤不低。若以批發價出售，也可以量取勝。我的生意計畫就在腦
中盤轉，心想這也許是累積財力與累積生意經驗的機會，於是和先
生商量挪用家中不多的存款，開始做生意。我原先只打算租用一個
小貨倉，但後來租了一個有儲藏間的店面，這樣可以置貨也可以零
售給客人。

學得經營細節　醞釀下個挑戰

第一次真正地做生意才開始了解經營生意的各種行政與後勤細節。這些細節包括公司註冊、如何繳稅、貨物進出、店面管理、員工雇用、人員保險，還有各種勞工法規等等。人事問題像雇用、解聘、福利及薪資稅等也都需要處理。生意上更有許多的困難，像到貨日期、貨品存量、貨品滯銷等等。

經營一段時間有了一些心得後，我在城南、城北各開了一間店。當時總共雇用了十幾位員工，人事管理變成是件很頭痛的事情。為了資金周轉，我邀請一位合夥人參加，生意上上下下也還維持得不錯。可惜因為台灣家中的父母年邁病重，加上先生那時積極地在外州找工作，有搬家的可能，所以與合夥人商量決定把生意結束掉。

在這將近三年的生意經驗中，時間雖短倒是學到許多第一手的實際經驗。例如，如何在清倉或是遷址時把滯銷的貨品薄利出清、如何應付一群形形色色的員工，有些很聰明但是點子很多令你應接不暇，有些資質不夠但也還努力工作、如何把這群人調度適中，達到最高的工作效果。

這時我對美國的勞工體制，公司與稅法等等有了進一步認識；同時也累積了人事運轉的經驗，處事更成熟。有了這些實際經驗和財力的進展，似乎離我們開工程公司的目標更接近了。

投石問路

從創業伊始，我們一貫的理念就是
承攬的工程要以完全、完美、達到客戶要求與符合合約為主，
公司賺錢與否不是最重要的前題。
也就是要把品質看得比利潤重要。

地下室的一人公司

有了自行創業的念頭，我登記了以 **TN&A** 為名的公司，設在自家地下室，開始投石問路。我聯絡一些舊識客戶，包括乳類製品工廠、城鎮的廢水處理場、以及威州的交通局等等。他們都是我曾經服務過的客戶，還記得我和我做過的工作，給的回應也算友善。只是他們都已有顧問公司提供長期的工程服務。我所專長的設計，通常只是一個工程計畫中的一部分，很難分割出來。總體而言，客戶們對有規模、有制度的公司比較有信心，當然也比較願意把工程給這些公司承包。這對我來說並不意外，先生也鼓勵我說，凡事開頭難，這是自然而可理解的。

八零年末到九零年初，空氣污染在美國是一個熱門話題。美國環境保護署把空氣污染列為環保監管的優先項目之一。威州自然資源局馬上跟進並成立了一個五人組成的空氣污染防治指導委員會。勝年被邀請成為委員之一，所以他對環保在空氣污染方面的趨勢有最新的了解。我把這些新的知識，包括運用當時最新的電腦軟體，針對空氣污染的數據，加入整理與統計應用，寄給數百個客戶，並深入介紹如何整理出一套系統來應對自然資源局的規定。於是，我接到了幾個小工作案件。我的第一個 2000 美元的工作就是如此得

來的。多年之後，我在公司對員工的演講中提到，公司的第一個合約是一個2000美元的工作，大家都認為我可能只是調侃而已。

　　這期間，我做過許多不在我專長之內的不起眼小事。由於威州天寒，營造季節大約是從5月到11月，春季是最忙的投標時期。我就找了一些幫營造公司整理計算建材數量的工作，也替他們做投標時的初步設計與估價。在公司成立的初期，為了延續公司的生存，是以公司的擴展為前題，我沒有支薪。這些雜七雜八的工作倒也足夠支持我這一人公司的開銷。後來由於母親資助小筆基金，公司得以搬出我家地下室，在密市西邊的一個商業區租了辦公室，分隔成三小間，聘請了第一位工程師和一位助理，裝了三台當年最新的286個人電腦。當時這批電腦的維護與軟體下載都是由兒子處理。那時兒子初中畢業要升高中，是個電腦小精靈。在後來我們的退休晚會上，兒子當笑話談這些公司初期的陳年往事。當時做這些投資是希望提升我公司的規模，期待有機會拿到核心的工程合約。

　　在那同時，勝年在加州找到一份很好的新工作，但是商量之後，我建議他不要接受。因為我的公司剛起步，很需要他工作之餘的幫忙。我的想法是，若我的公司不成功，再找一份好工作可能也並不難，為什麼不給我一些時間，也許可以一起做番事業。

善用政府獎勵資源

　　聯邦政府與州政府為鼓勵少數民族和女性，保留至少10%的工作讓他們參與。經過一段時間的觀察，我注意到有兩件比較成功

的女性創業案例。其中一位女老闆,原先是交通局的一個單位主管,負責六個管區中兩個區的營造工作。後來她離開公職出來自組公司,因為與交通局關係良好,說服了局內主管把她原來整個工作分割出來由她的公司承包。這在許多人看來有一點圖利自己人的嫌疑。但是一創業馬上能拿到一筆這麼大的案件,實在令人羨慕。後來的許多年,我們和這個公司合作了很多次。他們是一個相當有水準和負責任的好公司,在交通局和工程界裡,都有一席之地。遺憾數年前這位優秀的女老闆因乳癌去世。

我當時也希望能夠利用這種鼓勵少數民族與女人參與的機會,讓我的公司先跨出一大步。但是如果眼光僅侷限於此,得到的可能都不是核心工程,而是如製圖、測量等邊際工作。那些把女人或少數民族的特權當成重心的公司,大多永遠停留在小規模和最基本工作的程度,不可能獨當一面。草創初期,我們藉由這個管道拿到一些小型工程的附帶案件,也因此成立了測量部門和電腦初步設計與製圖部門。這些最先成立的部門成為公司的奠基石,扎穩工程公司必備的技術能力。其中有兩位製圖部的技術員工隨著公司成長了二、三十年,我退休時仍在公司服務。這些由於特權而得到的合約雖然不是核心工程的工作,但也的確幫助公司奠定早期的基礎。

然而我志不在此,公司要繼續往前推進,要建立核心工程的技術能力,要成為一個有規模有競爭力的工程公司,但是也不得不感激政府的這項優惠待遇給了我們一個堅實的起點。只是很快地我

們就失去了這種鼓勵少數民族與女人參與政府工作的待遇。因為公司成長太快，在短時間之內已經超過了政府所規定的公司年收入上限。在聯邦工程方面，我們也曾利用這特殊的優惠待遇，為我們前進的基礎提供了不少助力。

由草創期幾位員工的辦公室、幾萬元的設計案件……公司在掙扎中成長。雖不如我期望的快，但毫不停歇。我們在三年內換了四次辦公室以應付人員的增加。當公司逐步進展、繼續延攬技術員工及工程師的同時，最先的一兩個設計計畫進行得不盡理想。我注意到問題的所在。

求才、用才是藝術

我們第一個工程師東尼是一個脾氣很不好的人，與公司其他的技術人員，甚至客戶都處不好，任何進言都不聽，剛愎自用。設計工作的預算都報銷得差不多了，工作一半也沒有做完，結果只好請他走路。東尼走後，我們完全找不到他的任何檔案，大概他離職時非常氣憤，帶走了他所有設計的稿件。與其和他繼續糾纏，我決定這件設計工程由另外一位年輕的工程師從頭做起，把它完成。這位年輕的土木工程師約翰技術能力很出色，勝年和我非常欣賞。他從不多言，但是設計精準，而設計出來的最後藍圖總是被客戶當成範例展示，也得過年度設計獎。在後來勝年加入公司的頭兩年，他幫了很大的忙。勝年與他建立了公司的營運系統電腦模式，是公司前

10年成長不可多得的功臣。

很快的兩三年之內，在約翰的手下建立了一個稍有規模的工程設計部門。約翰不喜歡做市場推展業務，但他的部門我很少費心。因為他所帶領的設計團隊做出的成果，本身就有說服力。到最後客戶自己會找上門來，指定約翰設計他們的工程計畫。

這時我面臨了一個大問題。約翰幾次向我表示，他只希望做個設計工程師，他喜歡解決技術性的問題，也不希望當經理。他說管人是件很不愉快的事情，尤其要負責他們的時間表、工程進度，以及雇用、解聘、升遷、加薪、紅利等等人事問題。我不得已只好另覓工程部門經理，讓約翰只擔任製作計畫經理與設計工程師。在約翰為公司的工程部門建立了不少輝煌的工作成績10年之後，由於他的太太在威州已拿到碩士學位又累積幾年工作經驗，兩人就決定離開這寒冷的威州，搬去加州。

約翰是佛羅里達州來的熱帶孩子，來威州是為了太太的碩士學位。雖然離開寒冷地帶是他給我的理由，但是我想我們在他身上的期望可能變成壓力。人有許多種，不是每個人都想往上爬，擔任專案經理、部門經理、區域經理、副總、總經理，將來變成股東之一，可以決定公司的方向，影響員工的前途等等。金錢與加官晉級，不見得是每個人都願意承擔的壓力，何況還要付出代價。這是我在約翰身上得到的結論。

　　約翰離開之後，密市的工程部門在30年裡換了幾位經理，因為人才難求，這個部門在公司成長的曲線上，一直沒有成為大氣候。直到我退休，公司約有90幾位有照工程師，他們大部分駐在後來成立的威州麥迪遜辦公室。密市工程部一直維持20幾個人，未見成長。其他工程師則散在全國各地10個辦公室。

　　求才、用才是公司營運上很重要的一環。我常在員工會議上告訴大家，員工是公司重要的資產。找到一個有才能的人，需要給予訓練與磨練，也要帶領這個有才的人到達預期的階段，能夠肩負你寄望其承擔的任務。這需要一段時間，不是一蹴可及的。

以完全、完美建立信譽

　　從創業伊始，我們一貫的理念就是承攬的工程要以完全、完美、達到客戶要求與符合合約為主，公司賺錢與否不是最重要的前題。這個經營原則所建立的信譽，可能就是後來我們前程少阻的重要原因。九六年，我第一次得到年度企業家獎。記者訪問我，也訪問了我們的客戶。他在報導上有這樣的一段話：「這個公司把品質看得比利潤重要。」

　　"She has given us a quality product, on-time with no hassle. She wants to do a good job not just for the bottom line"（these are the words of original quote）

全力以赴 ☆★★3

- 不入虎穴 焉得虎子
- 營運的起與落
- 創業維艱 體系屹立
- 營運難 識人用才更難
- 職位與職稱

不入虎穴 焉得虎子

在人生的經歷中，每個決定都有不同程度的風險跟隨著；
風險是可以估算的，這要靠學識、經驗、眼光，
尤其最重要的是勇氣。對我而言，
長程目標的期望與追求成功可能經歷的曲折驚險，
都有著不可思議的吸引力。那不入虎穴焉得虎子的冒險精神，
就是我當年創業衝刺的原動力。

在公司營運的前幾年，我們的能力只能與同型公司競爭小的工程。當公司逐步成長，工程部門的員工和技術越來越強，我們逐漸有能力與信心承接比較龐大複雜的工程。此時此刻我們展翅待飛，渴望能靠我們增強的實力來贏得大型的工程。

找到重量級的專案經理

九二年底，密市污水管理局有一個近百萬美元的工程計畫編列在下一年度的預算中。這項工程正是我的專長，也是我們工程部門有能力競爭的。這個項目包括全市下水道整體規畫、實地勘測、電視掃描、電子紀錄，藍圖設計等等。公司在當時絕對有能力完成這個計畫，但是缺少一位有這方面經驗的專案經理來領導這個工程的進行。所有的提案競賽，專案經理的背景和實際經驗在承包審查中佔很重的份量。如果沒有一位有份量的經理讓客戶信服，在他或她領導之下能完美地達成任務，贏的機會就不是很大。

為了任命這個專案經理我思索了很久。最後的確定人選不是別

人，就是我的先生——勝年。

我覺得時機到了，而且他正是一個最恰當而且夠份量的專案經理。我說服勝年，萬一我們沒有贏得這個大工程，我們還可以伺機繼續投標下一次的工程。即使在最糟的情形下，他再另找一個不錯的工作應該也不太難。但是我們必須考慮一個很嚴肅的問題：如果把全家的人力與財力都投入在這個公司裡，萬一不成功，我們將來可能一無所靠。這個考量當然沒有錯。在後來很多年中，有兩三次公司陷入財務的困境，我們都會再回想當年這非常冒險的決定。可是每次在掙扎、驚恐、奮鬥後終於脫離險境時，就會再告訴自己說，這孤注一擲、沒有回頭路的決定，也許就是我們最後可以看見成果的原因。

勝年在九三年初加入我的公司，積極準備投標這個大工程案。其實，我心中另有所圖，堅持說服他加入公司，就是希望把盤算已久的長遠計畫付諸實行。

放眼聯邦政府的市場

打開聯邦政府的市場是我長久以來的目標，尤其是環境保護署這個大客戶。因為以勝年個人的背景、經驗，以及興趣，這是最適合他發展潛力的大競技場了。

那年的年底，我們贏得了這個近百萬美元的合約，為我們公司

打了一劑強心針。這個工程在接下來的兩年中，促進公司的人力與財力的極大發展，給我們一個穩健拓展的機會，我們一方面進行這個工程，一方面盡力為更上一層樓做準備。

接著在勝年主導下持續試探、摸索聯邦市場，主要為打開環保署的門鎖。歷經無數次的登門拜訪，一次次的展示自我能力，歷經多次的投標失敗，終於在幾年之後逐步敲開了幾扇大門。而我也花了10年的時間，馬不停蹄地嘗試打開一扇扇聯邦客戶的門縫，這其中經歷艱辛，挑戰多次失敗，最後才終於見到隧道盡頭的亮光。

公司管理制度化

勝年在公司最大的成果是把公司管理制度化，並帶入各項管控系統。從九七年起，公司將財務、行政、合約管理、法規遵循、人力資源、品質管控、工業安全與風險管理等等，各自成立部門，都有專人負責。行政管理的系統化，讓我們在競標複雜且大規模的聯邦合約時，有比較強大的競爭力。尤其是較複雜的聯邦工程，在競爭投標過程中，必須要讓審查委員小組看到很有系統的管理，這樣才能贏得他們的信心。

內部職權分明化、管理系統化，為公司長遠的擴展建立了一個標準化的模式，在競爭激烈的工程界增強了公司成功的潛力。可是在這兩三年公司轉化的過程裡，也耗費了大筆的財力與人力。

　　西元兩千年的網路泡沫造成了經濟衰退，對全美國是一大打擊。這雖然也波及了我們，但是我們公司那期間所受到的大創傷，是人為的。這是我們第一次遭逢營運上的大教訓與大失敗。

好奇追求目標，勇於面對驚險，是創業衝刺的原動力

　　在人生的經歷中，每個決定都有不同程度的風險跟隨著。天下沒有不具風險的決定，但是風險是可以估算的，這要靠學識，經驗，眼光，尤其最重要的是勇氣。遠程目標的期許，和追求成功可能遇到的冒險崎嶇，對我而言有不可思議的吸引力。那對冒險的好奇與勇於面對的勇氣，是我當年創業衝刺的原動力。不入虎穴，焉得虎子？

營運的起與落

在投標失敗後，一位專長推展業務的人，權宜之下，
用來管理有幾十個人規模不算小的營運，使得情況陷入谷底。
是我用人不當，對風險的估量錯誤，
導致公司的虧損與後退，而前功盡棄。

環境保護抬頭

八零年初，美國環保署不僅加強管理工業廢水的排放水質，嚴格限制排水所含污染物質和有毒物質，同時也開始加強管理從不同來源散流到土壤和地下水的污染物與有毒物質。最常見的是從加油站地下儲油槽漏流的汽油；從飛機場、修車廠等散流出的引擎、防凍、修車、洗車用的各種有機與無機化學物等等。在國防部所屬各軍種的基地上，也有許多被污染而需要清理重建的地方。在工業界有廢棄廠房和用地。這些廢棄不用的污染地由聯邦環保署先接手處理，然後有專門部門去尋找應對廢棄污染負責的公司，索償清理費用。

當我們公司的工程部門漸具規模，人才與財力都較穩定後，參與的工程越來越大，越來越複雜。我們承接的多是基礎工程方面的案子，如下水道、污水處理廠、道路橋樑、高速公路；以及各種不同的建築設施，像宿舍、廠房、教室、公路休息站、監獄等等。技術人員則包括土木、化工、機械、電機等。

開展環境污染整治業務

另一方面，我們也跟著市場的趨勢，開始推展環境污染整治
（environmental remediation ER）的業務。為了ER的業務，我
們的技術能力與技術人員所涵蓋的範圍就必須更廣泛。這方面需要
的人員有化學、土質、水質、工業安全、放射性安全、爆炸性物質
以及安全處理等專業人才。

求才與儲才

由於所需要的技術與人員的背景越來越廣，求才就更不容易
了。通常在投標一個計畫案之前，就必須先評估標案需要何種關鍵
人員，然後多方尋覓、延攬。這些在投標專案計畫之前的投資，幾
乎是不可避免的。我在前面文章所提到的能源部的千萬美元計畫就
是一個例子。

呈繳提案所做的準備和投資，可能因投標失敗而付諸流水

從我們探知能源部有龐大預算，所以在田州成立了歐市辦公
室；後來得知這千萬美元的大計畫案已編入能源部的年度預算，到
贏得這個合約，計有兩年多的時間。這期間，我首先努力去說服客
戶將資格標訂以中小企業為主，接著便是招聘適當人員，到最後準
備投標文件。為了增加勝算，還聘用了一位專案經理和幾位重要的
技術人員。這段時間人員任用，辦公室以及全部的花費相當可觀。

萬一這種種努力之後，不幸投標失敗，也只好當作是為下一個機會的投資，不能算是白費。雖然下一個機會也不知何時才會再出現。

還好，我們幸運地贏得了能源部在浦鎮的案子。為了這個三年工程的需要，我們在短短第一年大規模地招募人才。儲備這些人才，有一部分也是為了環保署的兩個特殊環境案子。到九九年，這個三年的能源部合約快接近尾聲時，我們在歐市和浦鎮的員工共有七十幾位。

大意失標案

維持這樣一個七十幾人的團隊開始變成壓力了。我們必須全力投標贏得這同一個環境工程案子的第二階段工作。我們樂觀評估，興奮地發現這第二階段的價格可能是我們所完成的第一階段的兩倍。那時我們的員工都自信滿滿地認為我們在第一階段的工作成績很好，要接連贏得下一階段的工作應該不難。於是花了幾個月的努力，完成投標作業。

出乎意料地，我們敗給了總承包價比我們低了百分之二十幾的另外一個團隊。這個團隊的主要成員是一個很大的公司，科學應用國際公司Science Application International Company，SAIC。可笑的是，這個失敗的主要原因竟然是因為我們對這個計畫太瞭解了。我們在這個能源廢場清理了三年，對情況瞭如指掌，所以把很多可能的細節都包括在標價內。其次，我們的員工在三年內由於工作成績不錯，薪水節節上升，所以每個人員的單價也比較

高。這樣的錯誤在後來許多年的承攬過程中，仍然屢屢再犯。一些明知可能會犯的錯誤，有很多原因包括人情的負擔，有時仍難避免。

這是公司一個很大的慘敗經驗。為了要在當地繼續生存，我們不斷投標其他工作。但是要維持這樣一個幾十個人的營運團隊，不是一件簡單的事。許多浦鎮的人員逐漸離職，大部分參與了新贏家，也接受了他們承包的單元價──也就是新公司的低薪水。

從在第二階段投標失敗後，田納西州的營運雖然仍勉強維持，但情況繼續下滑。有人開始離開公司。當經理辭職時，我暫派駐亞特蘭大市的經理兼管田州的經營。由於他不熟悉當地情況與人員背景，結果引起一陣騷亂和反彈。

任人不當　歐市頹敗

當時有一位剛在田州延聘上任的經理，尚未決定他應該留在田州或是派往加州。我們注意到他的背景，與他商談一段時間，決定留他下來重整田州的營運。這位經理是一位有相當強硬背景的工程博士，有能源部和國防部的業務推展經驗，專長於市場業務和領導投標。當時派他擔任田州的總負責人是冀望他的專長能挽救有危機的歐市。這個權宜之計看似恰當，但是經過大半年，業務毫無起色，沒能承包到足夠的工作。我指示酌量解雇田州歐市的員工，因為公司無法再承受幾十個人所造成的財務負擔。這位經理學大氣大，告訴我，他是來幫我公司成長，不是來解聘員工的，他不能解

聘任何人。我一時之間無法應對,主要原因是在同時我們也正用他投標海軍與陸軍工兵部的幾個案子。歐市的營運狀況越來越惡劣,在一年之內吞蝕了公司其他幾個營運單位的全部利潤,並且賠進了未來幾年的發展預算。公司在後來的幾年沒有前進,只有後退。這是我們在歐市營運的另一個錯誤。

多年後回想起來,也許不能完全怪罪這位經理,其實是公司任人不當。專長推展業務的人,權宜之下用來管理有幾十個人規模不算小的營運,那是需要經驗老練,精明果斷的領導能力的。在那樣頹危之際,領導的錯誤使得情況陷入谷底,是我用人不當,對風險的估量錯誤,導致公司的虧損與後退。

歐市營運失敗後,我們在能源部的市場雖經幾番努力,也無法再回復。倒是我們對環保署的業務在歐市延續了許多年。後來環保署將我們工作的部分內容併入其他的合約類,重新招標,我們成為了次包商,參與的份量就無足輕重了。一個營運單元的躍起要經過許多努力和投資,但是數年之內兩次估量錯誤就前功盡棄。

我們退休時,第一位在歐市聘用的助理,已經升任為採購經理;另一位曾參與我們環保署工作的生物學博士,目前分配在其他部門工作。他們是曾經歷歐市輝煌的過去,而尚留任的老將部屬。兩位特地從田州來參加我們的退休晚會。看到他們,不禁回憶起歐市多年營運的大起大落,感慨萬千。

創業維艱　體系屹立

承攬政府部門的案件，勝敗的關鍵有：
公司的歷史沿革、技術能力、過去相關的經驗與成就、
關鍵人員的能力背景經驗、管理的理念與計畫、
品質管理控制、安全與緊急處理措施……競爭是十分激烈的。

　　在成立歐市辦公室之初，勝年和我全力以赴，針對一些有潛力的新客戶用心播下種子。一次又一次進行簡報，呈交提案，業務之門慢慢地打開了。除了前面提到的環境保護署之外，我們也打入了國防部各軍種的市場：包括空軍、海軍、陸軍工兵團、海軍陸戰隊等。其他客戶尚有退伍軍人醫療中心，以及幾個州的國民警衛隊。

不畏風雪出席面試

　　我們贏得的第一個聯邦合約是威州中北部的陸軍訓練營。他們要面試四家中小企業來決定一個二十萬美元的工作由誰承做。那是一個寒冷的冬天，這個機關選在早上10點鐘面試我們的環境工程團隊。當天一早起來只見大雪紛飛已經積了幾寸，連將車開出自家的車道都有困難，公司人員都有一樣的問題。勝年決定自己一個人開兩個小時去面試。知道大雪天行車困難，提早一個小時出發。但是高速公路上積雪太快，來不及剷除，他總共開了六個小時才到目的地，心想可能面試早已結束了。意外地，下午一點了面試人員仍在會議室等他。贏了那個合約之後，我們才知道那天勝年是唯一出席的公司代表。這就是我們當年在起步點上衝刺的高能量。這段堅決的往事經常被用來提醒員工，公司在業界誠信的好名譽，是這樣累積起來的。

血汗換來客戶信任

陸軍工兵團部的管轄區中，歐瑪哈那時是管理環境污染整治的中心，也是我們最初的重要客戶之一，距離密市算很近了，可也有五百多英里之遙。當時公司剛剛起步，名聲不夠，勝年和我幾乎跑遍了全國每一個相關的展示會、研討會。因為交通費用開銷太大，只要是在中西部離我們10小時以內的車程，勝年就開車來回不坐飛機。有一次冬天，他參加在歐瑪哈的展示會，開車返回密市，中途雪越下越大，只好就地找個汽車旅館睡上幾小時，等雪小了點，再繼續上路。這家重要客戶真是用血汗換來的。

環保署也是我們非常早期的重要客戶，一樣是道十分艱難且不易打開的門。勝年某次赴環保署拜訪，開往辛辛那提將近10個小時，路上碰到大雷雨，在陸橋下面躲雨一個多小時，才能繼續行程。他在密市與辛辛那提的路上不知來回多少次，拜會各相關負責人，才得到一個正式呈交提案與面試的機會。這是多少心血才殺出來的一條路。

當時我和他需要分頭去參加各地的展示會，全國奔波。記得最深刻的一次，我們兩人已有兩個禮拜沒見面了，那天我在辛辛那提轉機，在候機室疲憊地等飛機時，忽然有一隻溫暖的手從後面摟著我的肩膀，原來勝年也在同一個機場轉機。那些年的旅程，苦澀的滋味早已不存，僅粹集成人生過程中的溫馨記憶。

公司大 作風新 效率第一

近20年來，公司主管業務旅行，都住五星級飯店，飛機只搭費用高昂的直飛航線，理由是停站轉機不夠效率，直飛雖貴但省時間。有些幹部海外出差，坐商務艙，雖然公司出差規則中有要求避免坐商務艙，但他們的說詞是可節省精力增加效率，也難反駁，與當年我們創業時的刻苦精神，不可同日而語。

環境污染整治方面的業務在後來的20年裡，幾乎佔公司營業額的一大半。公司約有100位有照工程師，而環境整治方面的專業人員則有150到200人之間。

環保署的三個合約

環保署是我們最早的環保整治客戶。值得一提的是最初與環保署的三個合約，它和我們後來20年所做的環境污染整治完全不同類。參與這三個合約是由於勝年個人的背景經驗與興趣。

為呈交其中兩個提案，我們特別延聘一位分子生物學博士與一位毒理學博士，經過幾番努力才爭取到合約。第一個合約是替環保署的水質管制局管理一個水質分析實驗室。我們聘用了十幾位化學技術人員在這個實驗室做化學數據整理。這是一個只有三年的合約，算是很短程的案子，但是公司化學數據分析的基礎由此而奠基。

　　另外兩個合約是做基礎科學的文獻研究。第一個專案是針對一些已經被證明的有毒物質文獻進行分析，估算其對人體的傷害。我們組織了一個團隊，大約有15到20位專家，全部都擁有生物學或毒理學的博士學位。能源部有一個國家研究實驗室在歐市，那裡人才濟濟，尋才容易，所以我們這個單位就設在田納西州的歐市。在那十幾年的長期合約中，曾經重用了幾位世界級，幾乎獨一無二的專家做顧問，包括一位相當權威的二手煙專家。由於我們所完成的各種結論受到廣泛的認可與好評，環保署又給我們另一個專案，做有毒物質對生態影響估量的文獻追蹤探討。其內容涉及有毒物質從起始到消滅所可能經過的路徑，包括動物、植物以及微生物。可惜這兩個合約最後都併入其他大合約中，我們被降為次包公司，參與的份量就小多了。但是我們一直深以為傲，因為以一個工程公司，能為環保署做這樣的文獻研究，就是對我們有基礎科學實力的肯定。

空軍是長期忠實客戶

　　我從九零年中期，花了許多時間與精力在空軍這個重要客戶上。曾有一段時間我幾乎每一兩個禮拜就去空軍工程與環境污染整治中心的所在地德州聖安東尼市，或其他城市的空軍基地拜訪或參與研討會。有時也帶領技術或業務幹部做專項技能簡報，呈遞提案多次。多年後回頭看，這些努力都是值得的，因至今空軍仍是我們的忠實客戶。

IDIQ合約

聯邦合約中，有一種公開招標合約是Indefinite delivery，Indefinite quantity。空軍工程與環境污染整治中心經常會運用這種IDIQ的合約型態來公開招攬有能力且有意願的公司。首先要呈交提案文件，包括公司的歷史沿革、技術能力、過去相關的經驗與成就、關鍵人員的能力背景經驗、管理的理念與計畫、品質管理控制、安全與緊急處理措施等等，通常有數百頁之長。一般來說總會有多達幾十家公司呈交提案。客戶會審核所有的提案，篩選出他們認為合格的公司，進入第二階段的面試，最後錄取大約十家公司左右，簽約成為合約公司。這一組入選的公司中有70到90%被客戶允許做全球美國空軍基地的工作，因為他們在提案中能證明有龐大完善的體系，有經驗與資源可以支援國外的工作，通常都是比較大型的公司；另保留10到30%錄用少數幾個公司，雖也有技術能力，但是沒有完備的營運體系和足夠的資源去做國外的工作，這些大都是資源較缺的中小型公司，被限定只能做國內空軍基地的工程。

這類合約的期限通常為三到五年，合約總額幾十到上百億美金。舉例來說，如果一個空軍合約總值是四十億美元，將要由這一組大約10家左右的合約公司來自行報價競爭，沒有任何承諾或配額。有的大公司在三至五年合約期滿，也不過得到幾百萬美元的工程；而有些大公司，甚或競爭力強的小公司卻能獨攬上億美元，端看公司業務發展的能力或報價的競爭性。當各公司承包的金額接近總合約值四十億美元，整組10家公司的總合約就停止。

為贏大型合約　體系成形

公司為了準備呈交大大小小不同型態的提案，包括長達數百或數千頁的相關文件，和投標價錢，有一個提案投標部門。有專門負責撰寫文稿的技術經理，多位編輯與圖案設計師等。投標價由專案經理與合約部經理共同決定，總經理會簽後投遞。超過二百萬美元以上的，還要有CEO同意始可放行。公司因為有這樣一個體系，才能承擔一些大規模的案子。

工程合約擴及海外

與空軍往來20多年，前面幾年我們因為缺乏完善的內部體系與充足的資源，只能與其他中小型公司競爭，侷限於國內的空軍基地的工程。隨著我們的業績逐年成長，團隊越來越龐大，體系也日臻完備，多年來已經以大公司的資格，面對面地與其他大型企業在全球的美國空軍基地上競爭，而且屢屢勝出贏得工程案。在關島、日本、尤其在琉球數個空軍基地，都有我們的技術人員長期提供工程、監工、與環境整治的服務。我們的工程合約甚至遠及歐洲的葡萄牙和中東的卡達。

回顧30年來，我不斷的尋才、求才、集才，建立營運體系，就是在營造一個由人才、制度與法規來共同運作的公司，只有這樣的公司才能在競爭激烈的工程界屹立不衰。

營運難　識人用才更難

當公司情況較好、青雲直上時，
比較容易徵聘幫助你繼續上升的幹部；
當公司危急之時，很少有人會雪中送碳的。
為自己的前途與家人著想，乃人之常情。
這是做為公司負責人一定要銘記在心的一個簡單原則。

心羨大企業的系統管理，激發創業的憧憬

我第一份工作在一個極為龐大的工程團隊，因而對其中幾個大公司的營運結構十分好奇。概略了解各個部門與人事後，開始對行政與技術部門的營運產生興趣。其實倒不如說是嚮往與羨慕，有時甚至夢想著如果有一天我能創業，開設一家工程公司，也要採取這樣的企業管理模式，但是要比他們有效率。雖然這只是粗淺的概念，但那一幅公司遠景、結構、企業化的觀念已在心中醞釀。

創業之初，有人問我，不是主修工程結構，我的公司怎能做建築設計和橋樑設計？不是交通工程師，怎能設計高速公路？不是水質或土質學家，怎能做污染整治？還有人問我如何準備各種不同工程項目的提案，你幾乎要專長數百項的工程才能做這些事啊！問這些話的人，其中有一位是自己創業的電機工程師，但一直就是一家少數幾人的小公司，專門設計小型的電機工程。另有一位結構工程師，也曾創立一家二三十人左右的小型土木結構設計公司，到退休年紀，無人接班。這樣以個人專長為主的公司，當然也可以小有作為。但是一個公司如果太過依賴業主的專長就會侷限於一人的專業成果，難以持久。

伯樂遍尋千里馬

所以當勝年加入我的公司之後，我們期許自己是伯樂，要在工程界，覓千里馬。我們秉持的是一個非常開放、開明的想法，對膚色性別，外表等等都沒有偏見。只盼這些良駒能馳騁千里，為公司開疆闢土。

我和勝年奔波於各種商務會議，除了商談業務之外，另一個任務就是在工程界尋才、求才。才幹是很難定義的，每個人都有專長，但是沒有人是完美或全才。拓展業務，準備提案，屢約完成，解決合約糾紛，雖都困難，但識才與用才可能是我在經營事業中最困難的一課。員工是我們最重要的資產，管理具有專才的人員不是一件容易的事。管理一批有份量、資深的專業幹部更是艱難的課程。

延聘幹部，吸引他們的往往不只是薪水福利。這些在業界已經有一席之地的資深人員，換工作的主要目的是希望能發展自己的一片天地。當然，公司本身要有無限的潛力、信譽、名聲與資源，現有的幹部和內部運作系統必需能提供強勁的成長基礎給這位新人。通常，當公司情況較好、青雲直上時，比較容易徵聘幫助你繼續上升的幹部；當公司危急之時，很少有人會雪中送炭的。為自己的前途與家人著想，乃人之常情。這是做為公司負責人一定要銘記在心的一個簡單原則。

　　常常一位受我青睞，不管是在業務拓展、技術專長、領導管理、甚至在行政營運上的頂尖、可用可造之才，很可能也被其他公司注意到，此時需要和其他的公司競爭攬才。搶人才，需要花一番功夫，有時還得有戰略設計。但如果能認出那些還沒受到矚目但潛能很高的將才，這時競爭的公司不多，商談的空間就比較大。這樣有潛力的人，想換工作的原因當然都是希望能夠節節高升獨當一面。有時這位未來的新人所嚮往的位置，卻是公司為內部人才所預留的。好幾次有遺珠之憾，都是因為在嚴謹考量之後，覺得不該為了一個雖有潛力但仍是個未知數的人，去混淆或破壞現有的幹部結構。

　　喜得人才，還要引導新人融入公司文化，與其他幹部共事共榮，既能相輔相成，又能獨當一面。這些說得容易，其實不容易做得好。這是需要我們領導，一步步把新人帶入公司的結構，又不給現有的幹部負面的侵犯或威脅，能有正面的競爭，這樣公司的實力才會增強。

　　聘用的新幹部，可能在上任一段時間之後，發現並不能與公司同作同息。也許是新人的營運理念、業務方向，或是與同仁上司的相處等等不同原因，造成公司的困擾。這時就要速戰速決，避免更多的錯誤，以少輸為贏的心態解決。

　　有一件至今我仍覺得可以處理得更理想的人事問題。在田州歐

市的營運遇到阻礙時，公司有兩位經理，各有不同的能力，應該是可以合作解決問題的可用之才，可是情況出乎意外的失去控制。

兩強相爭必有一敗

我們當時決定先用亞特蘭大的經理傑森暫管歐市的市場發展與人力精簡。這位經理曾是空軍高級軍官，退休之後在工程與環保界小有名聲，精明果斷，有領導力，但主見很強、言語尖銳。他曾為公司發掘了幾位頗有專才的技術經理。傑森用軍隊式的獎勵與榮譽制度管理他所帶領的人，雖然很有效率，但有時對別的部門不太友善。他兼管歐市，未能體察該地員工的差異性，就以一貫迅雷不及掩耳的方式指揮調動員工，立即遭到極大反彈。歐市員工個個抱怨，請求總部調換經理。很難想像這位擅長調兵遣將的資深經理會遭到這樣的負面反應。

而在那之前，公司剛好新聘用了一位長於業務推展的經理史查。他的前一家公司派他駐在歐市數年，對歐市能源部有相當的了解。聘用他的原意，是想打開其他市場，因為他也有海軍和空軍的市場經驗。最理想是將之調往東岸或西岸，另起新的據點。但是當時受到歐市員工的請求壓力，因此命他暫留歐市，冀望他可以拓展業務，扳回頹勢。

這其中，我遇到的最大困難是如何讓這兩位資深經理攜手為公司打拼，不起衝突。亞特蘭大的傑森受到歐市員工的反彈與排擠，

因此對馬上就與歐市員工建立了極好關係的新任經理史查頗有敵意。原本兩位經理各司其職，應該相佐相成，不該有瑜亮情結。但是有了前面的火苗，這不相容的敵意越演越烈。勝年認為這是因為兩人沒有上司下屬之分。他與我商量要重用史查，因為他能招攬的業務很廣，對公司的前途有幫助。而傑森精於管理，但對整個聯邦工作業務的了解僅侷限在空軍一方。所以公司的業務發展任命史查帶領，傑森則在史查之下負責整個聯邦工作的營運。

我們當然也預料到這會引起傑森的不滿，果然不出所料傑森提出辭呈。我們雖然很遺憾，但是他最後公開用尖銳不遜的言詞對待另一位資深經理實在有傷風度。而且他走後，公司幹部經常聽說傑森在外傳播流言，雖對公司損傷不大，但在那期間也常引起不必要的困擾。

其實也許一開始應該堅持我的原意，繼續讓傑森接管。如果業務無法推展，可及時精簡歐市人員，就不會造成後來兩年的萎縮後退。升任史查，事後證明不是一個明智的決定。

歐市陷入低潮

史查專長拓展業務，但從沒有帶領一群人員的經驗，何況還是一個已經有困難，停滯不前的團隊。歐市的員工因對前任暫代經理傑森單刀直入，速戰速決的管理方式極為不滿，所以很快的就與新經理產生了革命感情，開始對抗其他部門，經常與總部意見相左。

此時我們正在積極布局幾個在東岸和西岸的海軍提案，為了不妨礙未來的發展，一直按兵不動。史查也的確為公司建立了海軍的關係，並取得一個工兵團堪薩斯管轄區的合約，開啟了幾道新客戶之門。但是幾年間起起落落，未能有大突破。他帶領的業務在四、五年後又進入低潮。

由於大部分歐市技術人員的經驗都與能源部有關，專長於處理放射性廢物，熟悉能源部有關的規則。要維持這一組人員規模，一定要多爭取能源部的業務才行。歐市在史查管理的最初一年多裡沒有取得足夠的能源部業務，而他最初堅持不肯遣散員工，後來已到入不敷出的地步。有部分歐市員工看出情況，逐漸離開。

那時東岸海軍方面與一個工兵團的業務開始有了進展，可是得到的合約並不是立刻就可以用上這麼多技術人員，這些專案計畫都是緩步進行的。何況大部分的歐市技術員工專長於處理放射性廢物，並不適合這些工作，而且還有地點及距離的考量。有些雖有合約，卻是IDIQ的形式，也就是說，公司需要花很多時間到各個海軍基地去尋找適合的工作項目，並與同組的合約公司競標才能得到專案計畫。

歐市的頹敗把其他部門的營運資源耗盡，公司倒退至少兩、三年的腳步。這時史查才在我的堅持下開始逐步疏散解雇部分員工，在他擔任經理兩年後，我終於把他從這個難解的困境中調走，然後放手按部就班的疏散這個單位。從容納幾十個人的大辦公室搬到一

個約20人的小辦公室，讓我們的科學團隊繼續為環保署做文獻研究工作。環保署的工作逐年減少，最後退縮到一個只有四、五人的寫字樓。

動用家財維持營運

勝年與我動用了家中所有的財源來維持公司的正常營運。我們的原則是，公司絕不積欠或減少任何員工薪水或福利。我們欠下的銀行貸款，動用自家房子抵押，絕不能減低一點點公司的信用。這就是為什麼多年來，我們對幹部的承諾甚至只是口頭的，也沒有人質疑。公司幹部中流行的一句話是「Trust Nick」，Nick是勝年的英文名字。我們在工程界，即使有時敗退，也能堅挺不縮，總能東山再起，靠的就是信用與名聲。

實際上這30年來我們所建立的人事結構中，大部分幹部是由內部擢升。要把一個有能力的人琢磨成為公司的主要領導人物，需要經過多年的相互磨合，潛移默化，耳提面命，愛恨交織的共事情誼。環顧大部分工程公司，接班人通常都是與前任領導人相隨共事許多年，才能接下重任，延續公司既有的營運理念與已建立的聲譽。培養內部有潛力的幹部，與公司的成長同步並行，共難共榮，最後成為公司仰靠倚重的棟梁，是領導人最重要的使命。

職位與職稱

職稱代表了每個人在公司的功能、地位，
當然也代表了等級以及薪水的高低；
而完備的職位組織結構是漸長漸成，不是一蹴而就的。

一人公司的時候，我是「校長兼撞鐘」。見新客戶，我稱自己是總經理或總裁；見現有客戶時，自稱專案經理；做工程時我是工程師、監工、測量員；在辦公室時就是電話接線生。

身兼數職對應工作的需求

職稱代表了每個人在公司的功能、地位，當然也代表了等級以及薪水的高低。在我們這些承包工程的顧問或建築公司，大部分的職稱都很有彈性。我們要用到每一個幹部的專長去承包工程，每一個人都需要身兼數職去對應工作的需求。

公司由小漸大，我對職稱沒有硬性的規定，公司也經常因為營運的需要而改組。公司的宗旨中就指出，我們是一個靈活運轉，接受各種挑戰，能應對各種外界市場變化的公司。後來完備的組織結構是漸長漸成，不是一蹴而就的。

勝年加入時，公司已有二十幾位員工。在這之前他已經利用業餘時間幫我掌管會計方面的事務，加入後他的職稱就多了：剛開始他是營運經理，公司成長至百人以上後他的職稱改為營運長，也就是總經理。而同時他又是專案經理，因為在沒有恰當人選取代某些

他負責的專案時，他仍得兼管。即使後來公司請了會計主管，他仍得管理公司會計，應對政府審核有關財務的事。但他最常用的頭銜是總工程師，這樣比較能夠在專業上廣泛使用。

公司出售換手以後，新成立的董事會延請勝年留下出任總執行長兼總裁（CEO and President），我則卸下總執行長之職，擔任前瞻特別顧問，專管公司改組、成立holding company與幾個子公司等等改變公司結構事宜。勝年原來的職位，營運長一職則懸缺數年。直到我們退休的前兩三年，才由勝年推薦一位資深幹部升任。我們退休後，董事會決定由一位有財務專長的董事出任總執行長兼總裁。

專案經理角色重要

提案中都需要提出負責這個大合約的總工程負責/專案經理。因為一個工程專案或工程合約太大，中間可能包含了數個或數百個不同規模的專案計畫，所以這位總工程負責人/專案經理必須是一位資深、經驗豐富、並具有足夠知名度、有權調派人員的領導人。在公司裡也只有少數的幾位資深幹部有這樣強的背景，其中包括勝年，和兩三位資深經理級的工程師以及土質、水質學家。

經理是一個非常吸引人的職稱。有些年輕工程師被指派負責一個幾千美元的小計畫，就向公司要求在名片上加上經理的職稱。這時他的上司需要予以紓解，鼓勵他朝著當領導人的方向努力，學習

做決策，加強專業深度，更要了解專案的進展與財務系統的管理。

　　勝年常在會議裡講到，專案經理是公司的支柱，因為他們全程帶領專案直到完成，除了有專業的知識與經驗、管理人員與財務的能力，還要能與客戶的經理、技術人員、合約行政人員接觸應對，是需要有多方面的才能而不只是工程專業技術，更重要的是要有完成工作的堅持與信心。帶領和磨練公司的基層員工，擢升他們成為經理級的領導人，永遠都是公司的重要使命。

營運單位的人事結構

　　我們在公司建立營運單位Business Unit，上設經理一職，負責業務、技術與人員、財務管理等等。另外設有多位副總，他們是組織的核心幹部，各自掌管不同的業務，直接向總經理提出建言，並共同決定公司的方向。為了營運方便起見，數個營運單位設有區域經理，通常由副總兼任。

　　就我所見，在不少有幾千或幾萬人的大工程公司，都設有許多副總。雖說高官厚祿，但是太多副總頭銜，顯得浮濫。用時光鮮風采，用完裁之，絕不手軟。我們也聘用過幾位曾經是大公司副總級的幹部，都具有相當的經營才能。在我們這行業裡高職位的領導幹員被裁、換工作不是甚麼新鮮事。

行政管理是後勤支援，兼負平衡與監督作用

至於行政管理則包括會計、財務、人事、行政、合約與法規遵循等等，很多行政經理或員工也是專業人員。在我們的財務管理部門就有多位持會計師執照的金融會計專才。合約管理部門有合格律師，人事部門的人員也都必須每年受訓了解勞工法令的變化。財務總監同時也是行政總監，主管整個行政營運，並管理公司的資訊部門與公司資產包括機器、儀器和上百輛不同用途的車輛。我們雖有不同項目的特約法律顧問，其實公司裡就有六位有照律師。其中四位在合約管理部，另有兩位同時還是工程師、安全管理師。這兩位都擔任技術方面的專案經理。

優秀的行政助理不可或缺

在這裡我要談談行政助理一職的重要。在我剛出道時，就注意到許多公司用行政助理而沒有秘書這個職稱，是很有道理的。因為行政助理需要具有電腦資訊技能、優秀的文筆、人事經驗與處理行政細節的能力。行政助理職位雖不高卻是一個公司不可或缺的一環。依照需要通常每個辦公室會設置至少一位行政助理，幫助處理整個辦公室的行政運作。經理會有調動變化，但是行政助理不會跟著變動。

在公司裡，勝年採取一貫平民化作風，不為任何經理聘用秘書，提供個人的服務，這一直也包括我。直到多年前在一個機緣之下，我錄用了一位難得的執行助理……

那段美好的時光

執行助理

她能委婉、迂迴地運用我對她的信任，而又不招人妒忌；
她的成熟老練發揮了功能，彌補了我的不足。
她離開公司之後，我沒有再聘用過其他個人助理，
找一個知我容我的個人助理是緣分。

第一次看到凱西弗伊是大約20年前，感恩節剛過聖誕節將至的一天。密市總部人事室的黛博拉和幾位營業部門的人員正忙著一年一度的慈善活動：贊助United Way、捐贈食物給Hunger Drive、送玩具到Toys for Tots，還有公司內部人員交換禮物等等。總部前廳的聖誕樹下擺滿了包裝好要捐出去的禮物，中午時刻人來人往好不熱鬧。

執行助理一定要與我個性相合

我走過前廳時，與一位50多歲的女士擦身而過。等我在辦公室坐下，助理帶著她進來，原來是來面試執行助理的。她客氣地為早到了幾分鐘抱歉。在這之前我已經面試過幾位，但都不恰當。也許我較為挑剔，因為這個執行助理的職位可有可無，但因為我而設，一定要與我個性相合。我雖然隨和但有時又很堅持，助理要能在我這許多看來雜亂無章的文件與人際中理出頭緒。當時公司成長很快，常有外界機關或報章雜誌來訪問，有個執行助理處理一些公關大小雜事，可以避免直接聯繫到我，妨礙我的日常活動。

凱西個子不高，人很清瘦，穿著樸實。我看了她的履歷，上過

兩年大學，主修心理學，但大學沒念完就結婚了。她在一家代理環工機械的顧問公司工作，但密市辦公室即將關閉。她的老闆我剛好認識，因此去查詢過，也看過她的書信副本。她和前面幾位我面試過的人頗不相同。前面幾位穿著講究，談吐正式；而凱西則相當隨興，與我的穿著、個性和平日言行很相像。談起工程公司的內部營運事宜也很內行，這可能是環工機械公司多少與我們同行，所以覺得很親切。

簡單的幾句話正是我的感覺

她臨走時和我握手說：「我真希望是你這裡的一份子，你公司快樂的氣氛很讓我嚮往。」這句簡單的話正合我意。我和先生離開威州搬往西部後，都希望聖誕節期間能在總部待上數週，享受那外面寒冷、室內歡愉溫暖的氣氛，凱西的確就在快樂的氣氛中參加了那年公司的聖誕晚會。

凱西寫作能力很好，但是有時我也並不同意她擅改我的文句。她常把我寫的文件簡縮很多，我需要和她爭辯、溝通之後文件才能出爐。她有耐心，善解人意。但是最令我刮目相看的是，她能委婉、迂迴地運用我對她的信任，而又不招人妒忌。我們每日雜事接踵，營運、人事起起伏伏，先生比較穩重內斂，我則容易情緒化，的確需要一個包容沉著的人在一旁輔佐，凱西的成熟老練就發揮了功能。

　　凱西漸漸與我建立了默契，知道我可能有意願接或無意願接某些電話。她盡量不惹惱別人，又能替我擋駕許多不必要的聯絡事宜，的確不是件容易的事。凱西和我的私交較深後，在我們活動太多或我和先生同時出差時，也幫忙到學校去接我女兒。她常說我女兒很體貼，如果因為有活動不能準時離開學校，一到停車場一定向她道歉。

　　因為家住得近，凱西中午一定回家休息1個小時。後來我注意到她是一個抽煙的人。但她身上卻聞不到煙味，大概是知道我不喜歡。我有時想起來勸她戒菸，她總是聳聳肩走開。當然誰也不知道沒出幾年，這就要了她的命。

女性主義者

　　凱西是她那年代的女性主義者，她對自己的母親頗有微辭，從小她母親就常指責她的許多短處，很少給予支持鼓勵，也沒資助她上大學，她一直靠自己。結婚後生下兩個女兒，先生和她投資房地產出租，生活小康，但是她越來越不快樂，因而提出離婚，希望過自己的生活。很多年過去了，女兒都自立門戶。凱西獨居，有自己的房子，有時跟我告假，說要爬上屋頂修房子，非常獨立。前夫交了幾位女友，但這並不影響他們全家的和樂。每一兩年一定全家一起出遊，彷彿仍是弗伊家庭。她也很開朗的告訴我，前夫的女友比她年輕漂亮，有這麼好條件的女人取代她，沒什麼可生氣的。這樣的生活是她自己選擇的。

那時駐在田州歐市合約部的經理叫馬克，輔佐先生建立了公司的合約系統。由於與先生的工作關係，和我們的家人都建立了深厚的友誼。馬克和太太都很年輕，常到密市來，有時還和我的兒子、女兒打網球，記憶中馬克是個網球健將。2001年的一個清晨，我接到噩耗，馬克前夜因車禍重傷住院，存活率只有15%。

貼心的助理

他在醫院兩天後，不治身亡，得年僅38。公司同仁都很難過，先生特地飛往歐市參加葬禮。由於馬克不僅是共事的同仁，也是全家的朋友，先生雖然驚愕難過但還鎮定。倒是我，接獲噩耗，有兩三天坐在辦公室，幾乎無法工作。馬克的太太請求我寫一篇紀念文，好留給他只有三歲的兒子，我竟泣不成文。在這其間，凱西擋駕全部拜訪和電話，幾次送進盒裝面紙給我。到第三天問我說：「好了嗎？有人要見你，可以了嗎？」終於讓我破涕微笑。也幸好有這位貼心的助理，在我情緒低落時，知道如何處置。

有幾年公司生意不錯，拿到幾個大型的IDIQ的合約。公司的提案、合約與技術部門不停地呈交提案，幾位技術經理，尤其是東岸的經理更是忙得馬不停蹄。一方面要完成現有的工程，另一方面更忙著呈交新的提案，冀盼現有人員結構能承續運作，竟不知已隱埋了歐市後繼無力的引子。是忙中有錯？恐懼失敗？還是其他因素？得標後才知道我們的價錢比其他公司少了20到25%。細察之下，發現技術經理在估價時遺漏了幾個大項目。

　　我們在短時間之內得到大規模的IDIQ聯邦合約，又贏了上千萬美元的海岸工程專案，在威州變成大新聞。幾家地方報和工商報的記者都想訪問我，凱西幾乎擋駕不住。我一面忙著與另一位專案經理研究是否可以另尋其他設計方法，在我們的低標價範圍內完成這工程。也急切和合約部經理商談，能否找出合約中有任何可循之途，能增加預算或准許重新設計、重新估價。勝年和我夜夜難眠，滿腦惶恐與擔心，完全無心與報社記者面談。最後凱西仍然答應了其中一個比較熟的記者訪問。

第一次她對我板起臉說話

　　受訪的前一天凱西提醒了幾次，叮囑我要整理儀容，不能蓬頭垢面，因為記者早上來拜訪，一定會拍照。當天走進公司，凱西已在門口等我，第一次她對我板起臉說話：「怎麼你還是沒記得畫個妝，把頭髮梳好！」我在電話上繼續討論重新設計，重商合約的可能性，凱西一面幫我整理頭髮和衣領，口中不停地叨念著：「這樣怎麼上報…」事隔這麼多年，她那一臉緊張，抱怨我的樣子，依舊清晰。

　　凱西與我相隨共事六、七年，肺部逐漸出了問題，不能承受正常呼吸量，上班時需要背著氧氣筒。她辭職時，我已經大部分時間住在西部了，但每次回威州，總找機會看望她。她與肺病纏鬥了幾年，情況越來越糟，前夫在她不能自理生活後，一直陪伴直到她走。

那天我從歐洲旅行回到密市總部，另一位助理凱茜葛瑞夫告訴我說：「接到她家人通知時，你正旅行，不想影響你的心情，所以沒有告訴你。公司幾位同仁參加了喪禮。」然後接著說：「參加喪禮時才注意到，凱西一家人都抽煙，他們似乎還不知警惕。」

答錄機裡的凱西

凱西離開公司之後，我沒有再聘用過其他個人助理。找一個知我、容我的個人助理是緣分。我在總部的電話留言機裡，一直都是凱西弗伊的聲音，沒有變過。我退休的前一天，在消掉留言之前，聽了最後一次她的聲音 ： 「這是Terry的電話，她不在，請留言。」

（本文原刊登於聯合報繽紛版文題為：「答錄機裡的助理」）

辛蒂與葛瑞夫

> 一是律師，一是助理；
> 兩位在美國心臟地帶(American heartland)的女性
> 都是在公司服務20多年，
> 敬業樂群的同仁部屬，都有堅定不移的愛情婚姻觀；
> 在凡事都講究前衛的時代，
> 是太不合潮流還是更珍貴呢？

在寫這篇文章前，有天接到了幾個銷售廣告電話，所以電話再響，我已經不耐煩了。沒想到電話那端唱起生日快樂。我一時錯愕沒有會意過來那天是我生日，因為上禮拜在加州已經和兒女預先慶祝過了。凱茜葛瑞夫唱完生日快樂才說，難道你又忘了今天是你生日嗎？其實葛瑞夫知道我這怕老的心態，很多年都不願同仁為我過生日了。不過這時心中也升出一股溫暖之情。那天又接到好幾個電話和短訊，包括歐市唯一僅存的員工凱倫。退休一年了難得還有人記得我的生日。這多年來公司和威州的人情種種，又點滴泛上心頭…

勤奮好強的資深助理

凱茜葛瑞夫是密市總部的資深行政助理，20年前她不希望我另聘執行助理，所以一開始並不喜歡凱西弗伊。也許葛瑞夫怕弗伊佔了地盤，奪走她的重要性。其實兩人功能不同，並不衝突。弗伊內斂老練，凡事不強出頭，很遷就葛瑞夫，而葛瑞夫是個勤奮、能力強，個性更強的人，經常搶在弗伊之前把事情做好。久而久之兩

人也找到了一個平衡點，相處還融洽。弗伊後來肺病嚴重時，我已搬往西部，葛瑞夫經常去看望她。弗伊去世時因已離職多年，而我正在旅行所以只有葛瑞夫等極少數人參加喪禮。難得葛瑞夫仍顧念舊情，她是這樣一個好強、不虛偽、不掩飾喜惡、很善良的人。

葛瑞夫是典型的中西部，或說威州婦女，身材壯實，直言直語不做作，容易得罪人。要是與她不很熟，有時會對她的直言感到不悅。幾位公司高職位的幹部剛認得她時，都不習慣她的直言直語。其實凱茜走路精神奕奕，做事實實在在，很少遲到大多晚走。在她以前的辦公室助理，有些很計較鐘點計薪的身分，八小時一到就下班。而凱茜自我要求與專業人員一樣責任制，這是很難得的。她在助理中，等級最高。

無怨擔起家庭的支柱

她的公公在威州頗有名氣，是一位擁有數百人，以結構工程設計為專長的土木工程公司創始人。後來這家公司售與公司財團法人，成為員工持股的公司，退休後曾擔任全美工程師協會會長數年。長子得到物理博士學位住在他地，小兒子就是凱茜的先生，原先也在父親的公司做測量員，後來從事自由業。

凱茜很以公公為傲，絕少抱怨為興趣選擇自由業而無法成為家計支柱的丈夫。兒子身體不好也沒有固定的職業，和女友一起住在家裡，到處作點臨時工作，女兒是復健師也住家裡。凱茜是個勤奮

愛家的人，常說全家在一起健康快樂就好。她在教會裡是聖歌隊的主唱，快樂地上班，任勞任怨擔起家庭的經濟支柱。

典型的保守派婦女

凱茜是一個典型的保守派婦女，她的父親和親戚以前都是待遇不錯的藍領工人。後來許多工廠搬離威州，工人失業，不少人就進入工資較低的服務業。凱茜告訴我，她的親戚多另謀小差事維生，沒人拿政府補助。她代表的是美國中西部一般保守藍領階級的驕傲與尊嚴，對老弱婦孺各色人種，並無特殊歧見；但是對那些希望組織大政府，認為國家虧欠人民，應加強免費照顧、社會福利的自由派人士，很不以為然。

金髮碧眼的律師

辛蒂是總管合約部門的主管，也是公司數位副總之一。辛蒂是律師，二十多年前剛進公司時，才結婚不久，在當時合約部經理馬克的手下管理次合約。記得第一年，公司像往年一樣，冬天生意清淡。辛蒂剛懷孕，憂心忡忡地去勝年辦公室詢問，工作不多，是否會讓她走路……公司能否從別的部門分派工作給她。勝年鼓勵她，不用擔心，但指示她利用空檔繼續發展建立公司次合約的程序與政策。公司的許多政策與程序就是行政人員在生意清淡的冬天裡，不斷的撰寫、發展、改善完成的。

　　幾年之後馬克車禍驟世。先生幾經考慮，不外聘經理，決定暫由辛蒂代管合約部門，當然後來她也正式任職部門經理至今。

　　密市是有名的由德國後裔所組成的城市，包括辛蒂。剛進公司時她是個苗條淑女，中年以後每年夏天經常參加女子鐵人三項，騎車，游泳，路跑，身體由中年的福態練成壯實。近年來才知道辛蒂彈得一手好鋼琴，週末加入一個業餘小樂團到不同場合去表演，可說多才多藝。由於碧眼金髮看多了，從來沒注意辛蒂金髮碧眼的美麗，這要從另一樁導致公司震盪的大事說起。

　　公司在歐市頹敗後，雖然振起前進，在工程設計提案呈交上還滿成功，但在呈交建築工程提案上卻經常失敗。我在知己知彼的戰略下，聯絡我們的對手開普公司，希望兩家合作，我們的設計專長加上他們勝算較高的建築專長，彼此互利。另一個可能就是，兩家公司合併，組成一個比較完整的工程公司。當然後來因為情形並不單純，這些都沒有談成。但是在談判當中，開普的總經理肯恩向我表示希望跳槽來為我們效力。這當然是一個很突然的轉變，後來證實是我另一項錯誤的決定，險些導致公司不穩的震盪。這些留在後面再談，這裡要談的是辛蒂不愉快的遭遇。

拿這份薪水不是因為我美麗！

　　肯恩在公司待了一年不到，引起軒然大波。所幸公司員工與幹部的信任與忠誠，最後也就穩定下來繼續前進成長。這時辛蒂才告

訴我，如果肯恩不離開，她想提出性騷擾的控訴。每次肯恩到總部來(肯恩住在堪薩斯市)，見到她一定會說：「妳今天真美。」有時辛蒂打電話給肯恩談公事，他會說：「是我那個美人打給我嗎?!」辛蒂說：「每天工作夠繁忙了，實在不想費神處理這些帶著性騷擾的玩笑話。」她說：「我做我的工作，不是因為我美麗不美麗而拿這份薪水。」

我當然百分之百了解並同意辛蒂的抱怨，我對她說：「怎麼不早告訴我或人事室呢？」「但他是總經理呀，難道你們會為了這些玩笑話請他走路嗎？」我說：「我至少會警告他，不能講這些騷擾的話。」

辛蒂在十幾歲時就和她先生布萊德認識，辛蒂讀大學，做兩年事又回去讀完法律博士；布萊德因父親經營機電工程，也以機電技師為業。兩人結婚後，他一直幫助負擔她的學費。辛蒂告訴我，布萊德的家人常常擔心她學位愈來愈高，職位節節高升，遲早會離開布萊德。其實恰恰相反，他們的兒子現在都快上大學了，二人情意彌堅，婚姻幸福。辛蒂很少與我談到政治見解，但是從言行上，她可能比較偏向同意大政府結構，支持大幅提高社會福利，她基本上可能與葛瑞夫的政治意見不甚相同。

不可輕視的價值觀

外國電影有時調侃威州女人，前日看了一部老電影「其實是

愛」，是以英國為背景的愛情喜劇小品。一個找不到女友的英國人去到威斯康辛州，因為認為威州女人喜歡有英國口音的男人。結果這傢伙和幾個女人亂混，最後帶回兩位威州美女。我看了非常不以為然，認為有辱威州女人。前面敘述的兩位與我共事20多年的威州婦女，代表了保守與自由不同的政治立場。我尊敬她們敬業樂群，他們也許有不同的人生，職位或甚至政治見解，但是我更敬重他們對愛情的執著，和對家庭價值觀的重視。這些價值觀不只是代表了美國中西部，或是美國心臟地帶（American Heart Land），甚至可說是美國傳統的價值觀，不應任由一群不了解的外國人，娛樂界，和煽動票源的政客可隨意輕視的。

傳統的可貴

　　當今人倫關係的尺度越來越放寬，簡單的兩性關係與婚姻制度已複雜到多元化。似乎人倫的理念全面改觀，才能符合現代潮流，年輕前衛的自由派把這些新理念當作是推動世界前進最重要的一環。在這越來越混淆的人倫理念中，尤其是西方社會，這傳統的愛情堅持與婚姻執著，是否在亂流中留住一些看似不合潮流的珍貴？

剛毅、執著的科蒂

固執在人的個性上也許不能算優點，
但是在管理人事行政上，卻是一種必要的特質。
她行事有原則，按照公司程序，人事法規，絕不馬虎通融…
二十多年過去了，每每在整棟灰暗的大樓中，
看到她在那唯一有燈光的辦公室獨自工作的背影，
總會牽起一絲絲母性的淒淒之情。

科蒂的大眼睛讓人一眼就覺得她很聰明。二十多年前，在當時會計經理納德利的辦公室，我第一次看到剛到職的她。

公司那時規模尚小，會計經理也監管行政，但組織成長快速，人手單薄不能應付周全，所以納德利四處向他的同業朋友詢才。有一天勝年對我說，納德利怎會把送給女朋友的禮物記在公司的帳上。後來才得知，有人介紹了科蒂給他，因此他訂了一束鮮花謝謝這位朋友。既然事出有因，勝年很快就忘了，倒是我沒有忘。公司的傳統，任職三年和五年，會有一個午前的蛋糕慶祝會。任職10年、15年或20年有午餐慶祝會。在科蒂任職五年的蛋糕慶祝會上我提到，這束感謝介紹人的鮮花真是值得。當然後來在科蒂任職10年，20年的午餐慶祝會上，我仍不忘一再提起這束鮮花的趣事，稱讚她CP值很高。

寧棄鐵飯碗，投效新銳公司

科蒂加入公司以前，在一家全國有名的保險公司任職。這在中

西部的密市,是很多人夢寐以求的工作:組織健全、福利優渥、辦公室氣派、員工數千人、餐廳供應免費午餐。在那裡工作的人,大部分都視此為鐵飯碗,終身任職。我曾經問科蒂為何會離開這樣一個有保障的工作,她告訴我,這個公司太安靜了,日復一日做類似的工作,很少有變化或新鮮的事情發生。在她的職級,上次有人升遷是八年前的事了。她那時才二十八歲,需要事業上的挑戰,我們這新銳公司正適合她。

科蒂上任之後負責行政事務。由於能力強,加上她原來的所學專長,很快地也兼管人事工作,數年後就升為公司行政與人事的主管。科蒂的聰慧明顯的來自於學習力強,從一個龐大刻板的大組織,換到一個每日都在成長變化,需要日理萬機的小團體,沒有足夠迅速的學習與應對能力是無法應付的。

擇善固執

與科蒂相處久了,會發現她是一個固執的人。固執在人的個性上也許不能算優點,但是在管理人事行政上,卻是一種必要的特質。科蒂行事有原則,按照公司程序,人事法規,絕不馬虎通融。勝年常要提醒她,管理公司人事行政雖然應該秉公辦理,但是把公司當軍隊來管也有點太僵化了。凡事需要考慮到人情之常,法規程序在執行上也可適度放鬆。尤其一再教導她,體恤他人,態度緩和比較容易讓人接受。

　　科蒂管轄的行政與人事部門是由一人單位逐漸發展起來的。但她選雇員工，太守成規，不能忍耐能力不足或不夠勤奮的下屬，不肯放手予人以重任，所以她部門的人很難留得住。在約15年前，有一個幾乎震撼公司穩定性的大事件，科蒂強硬辭退了她手下的人事課長，此後選人更謹慎更難了。勝年和我由於比她年長很多，經常嚴父慈母般的指正她應放手雇用並訓練新人，溝通了解付予重任才是。像勝年對多位幹部溝通了解，搓磨共商，敢於提拔新人，公司才得以成長，這應是她的楷模。我知道多年前強行辭退人事課長的事件影響深刻而傷人，保護公司和部門的安穩，誠信固然重要，但過分保護也會阻礙成長。她的回答總是，在試、在做，只是人都不夠好，留不住。

孤獨挑燈加班

　　至今公司已有將近500人，她仍身兼數職。這人手不足的結果，使得人事營運的成長未能與公司的規模並進，科蒂經常自己加班以補不足。老職員都知道，有時晚上整棟辦公大樓除了走廊以外，都漆黑一片，只有行政部門她辦公室的燈還亮著，獨自一人在複印機旁的小燈下忙碌地工作。新職員則會驚慌地把燈全打開，看看是否辦公室遭竊了。勝年常想不通，他自己這樣以身作則的訓練扶植手下，為何科蒂就沒有學到，直到我們退休，人事管理部門仍不夠完善。

工作與社會責任感填滿生活

科蒂單身沒有家累，下班後有時去運動，或者去參與慈善活動。在報稅繁忙的四月，雖然不是專家，也經常自願貢獻時間幫助不懂稅務的人填報稅表。她參與一個叫「大姊姊」的慈善志工團，週末花許多時間幫助弱勢家庭的孩子們，給予生活課業指導，而剩下的時間就都在辦公室繼續工作。總部辦公室工作時間最長的就是她和福樂斯二人了。他們兩位目前都是我和勝年所成立的工程獎學金基金會的委員，每年貢獻一些時間來參與得獎人的甄選。

姻緣路上一人獨行

科蒂剛進公司時，年輕活潑，常把男友帶來參加公司的活動。男友溫和有禮，是個會計師，後來自己有了事務所。科蒂常常講述兩人利用假期到世界各地旅遊的趣事，好一對快活仙侶。我私下問科蒂幾時要結婚，她才告訴我她的婚姻觀。

科蒂的父母離異，雙方的祖父母也離婚，她的親戚多是婚姻失敗，所以對婚姻沒有信心，認為兩人在一起快樂就好，不需要擔心未來。她和這位男友在一起十多年，然而男方在中年以後，竟另交女友結婚了。我知道這事，直說她的不是：「我要是你媽媽，一定打你屁股，怎麼會讓這樣一個好男人跑了呢？你若不這樣堅持不婚，也許情形就不同了。」科蒂倔強的說：「沒關係，我的人生沒有他也不錯。」

　　每次提到科蒂，先生總會嘆氣，好像對自己兒女有恨鐵不成鋼的遺憾。即使有這美中不足的倔強，科蒂也已是我們這數百人公司的副總之一了。經常需要出差去各地辦公室處理事件，傳達公司訊息，是一個成熟老練的執行幹部。

　　每回在整棟灰暗的大樓中，看到她在那唯一有燈光的辦公獨自工作的背影，總會牽起一絲絲母性的淒淒之情。固執倔強的個性，使她堅強，也讓她挺得住孤單吧？如我幾次在慶祝服務的餐會上說的，科蒂放棄了有保障又舒適的工作，寧擇挑戰，在兢兢業業的奮鬥中成就了一片自己事業的天地。也許因為家族婚姻重重的失敗，在逆境中孤獨成長，雖然在工作與社會的責任感上發揮無遺，但那倔強的自我保護也是她美中不足的特性。

　　倔強，敢受挑戰，使她在職業與事業中，選擇了事業；但同時，也讓她在婚姻的路口，選擇一人獨行。

中年逐夢　紀念馬克

離婚後他叛若兩人，從一個行為嚴謹的標準青年，
變成一位手機才找得到的經理，急切地要補滿年輕時的空白。

認識馬克一兩年之後，才能完全聽懂他濃重的美國南方口音。直到現在每次聽到有人操著南方口音，都讓我想到馬克。有一次電視上訪問保羅紐曼，講到他迷人的泛綠眼珠，我和先生都笑了。因為我們都記得那次和馬克在一個餐廳吃早飯，女服務生倒咖啡時問馬克，你的眼睛真綠啊，是真的嗎？

聯邦系統瞭如指掌

馬克是田納西州納可斯費爾人，就在舊時能源部歐市基地旁邊。他之前的工作都與能源部有關，所以養成他對整個合約體系，或者說一般聯邦各級政府所用結構細密的合約系統的了解。當時，先生正急於建立那樣一套完整的合約系統，馬克立刻成了勝年的右臂。兩個人花了一段時間設計了一套系統，把合約管理與財務管理結成一體，並有價格估算的功能。這制度一直延用至今不比任何巨型公司遜色。

一對南方俊美佳侶

由於這一層密切的工作關係，馬克在公司的重要性顯著上升，兩年之內勝年便讓他主管全公司的合約成為部門主管。在最初的幾年，馬克經常到威州總部，有時停留兩三週，太太佩姬偶而週末前

後也來陪伴。兩人在寒冷的威州，不是很熱鬧又比較保守的密市，也能找些樂趣。佩姬告訴我，兩人穿上冬季雪衣，在厚冰快要溶解的密西根湖邊漫步或滑輪，玩得像孩子一樣。佩姬當時是學校的心理輔導，後來辭去教務，到藥廠做銷售經理。她長得玲瓏有致，口齒清晰，大方得體，為人熱絡。與馬克的言行拘謹，方正不苟，不盡相同，但我覺得也互補互助，與馬克真是一對標準的南方俊美佳侶。

馬克在威州停留期間，勝年有時會約他在俱樂部打網球。他大學時是拿網球獎學金的校隊，有時也充當網球教練教女兒兩手。他是公司裡面極少數幾個有機會到我們家裡坐坐聊天，建立私人友誼的職員。

有一次開經理會議，兩位資深經理爭辯激烈，我很煩躁，趁中間休息時間，走出會場，坐在一個角落，希望平靜一下煩亂的心思。這時馬克過來，搓著雙手像一個做錯事的孩子想要向父母表白似的，在我的旁邊坐下，很不安的說，知道現在也許不是說這些事的恰當時間，但是一直找不到更好的機會表白最近發生的事…

似對長姊細述心聲

原來馬克和佩姬已經在一個月前離婚了。他說，與太太性情一直不合，兩人常鬧情緒，太太提出離婚，他馬上就答應了。並且太太已和有兩個可愛女兒單身鄰居羅伯特在約會了。馬克說，他也

沒有反對離婚，因二人本就不和，但太太立刻就與羅伯特約會，令他尷尬，尤其羅伯特也是他的好朋友。照馬克說，羅伯特是一個好人、君子，連要恨他都難。我聽了先是驚訝，因為馬克夫妻不但外表相配，二人都是管理碩士，學歷相符，人前人後真可算是天設地造的一對佳侶。馬克說，外表學識都不是兩人要守在一起的因素，他們二人其實從沒心心相契。我問，那你自己和兒子肯美龍怎麼安排，他倒也開明的說，只好祝福他們啦。房子由佩姬帶著兒子繼續留住，他則搬到公寓去。

追上未嘗的輕狂快樂

這不久之後，打電話去歐市辦公室，常找不到馬克。助理凱倫告訴我，打手機比較容易找到他。後來馬克與我有一個比較深入的對話，直到今天都還清晰地記得他的坦白，好像在對長姊敘述心聲。馬克告訴我，他從學生時代起，就非常努力，品行端正，是個行為嚴謹的標準青年。他擔任男生宿舍的舍監，自己從不喝酒抽煙，還得管制別人酒後胡鬧。做事以後每週都是工作六十小時以上，他覺得從未享受過真正的年輕。既然已經離婚，完全自由了，他要追上以前從未嚐過的輕狂快樂，並說他正在約會一個年輕女孩。我警告他，不要忘了在公司的職責。他保證若有時他早走不在辦公室，手機一定能找到他，合約部門辛蒂或其他人員如有問題，他絕對會出席解決。我對他講話的語氣和態度，有驚訝有不滿。馬克離婚之後，個性作風都變了。還是因為他個性作風的改變才導致離婚，不得而知。

　　有幾個月合約部門好像失去領導。幸好勝年對合約系統也能掌握，代位指揮，維持住正常的合約營運。我們內心都希望這也許是他早來的中年危機，人生的一個逆流轉捩點，一切很快就會轉好，恢復正常。

痛失愛將

　　2001年那個清晨六點的電話，得知他前日半夜從酒吧出來，戴著一個輕便不合規定的小鋼盔就騎上摩托車，在不遠的路口被撞了。送院急救兩天後宣告不治。那年他只有38歲。我們希望馬克只因中年危機，或因追尋年輕夢所引起的一時浪漫，並沒有碰到回轉點，而是畫下了句點。

　　勝年飛去歐市參加喪禮。同仁們難過之餘，都不願進入馬克的辦公室。倒是勝年坐在馬克的辦公室上了幾天班，看著助理把桌上照片和私人物件裝箱，感慨怎會是他在清理愛將的身後事。我有一兩天悲傷到無法工作。佩姬仍以自己是馬克的太太，請求我寫一篇紀念文留給他三歲不到的兒子肯美龍。我直到第三天，情緒平靜下來才能動筆。我和勝年不光是為了失去幹才難過，其實是那與我們似父兄，似母姊的情誼，幾次真摯表白，讓我們好像失去親人一般。搬離密市前，環顧我們住了20年的房子，坐在廚房邊的小餐桌旁，回想起好幾次馬克和勝年打完網球，坐在這桌邊喝可樂，聊球經、講公事，歷歷在目，好不唏噓。

那之後佩姬每年都會在聖誕節前，寄上他們全家福照片，馬克的兒子肯美龍，和其他的三姊妹，和樂融融的一家人，只能嘆息馬克沒有這個福份。

中年逐夢易成空

有歌詞說，年輕不要留白，可能真有道理。年輕時的歡樂輕狂，自大瘋癲，如果不是過分，可能都是必要的過程，酸甜苦辣，輕狂挫折才能成就一個完整的人生。中年以後要補足那留白的年輕夢，也許需要付出極大的代價吧。

（本文原刊登於聯合報繽紛版文題為：「中年逐夢一場空」）

後浪推前浪的工業新秀

一個年輕的技術人員犯了一個不小的錯，
有膽量誠懇地直接向總經理認錯討罰，是滿有勇氣的。
二十年後果真證明了他的潛能。

一通認錯的電話顯出潛力

賈格加入公司時，是個年輕的土質技師，在西岸經理葛菲的手下做事，大學畢業後工作沒幾年，晚上繼續攻讀管理碩士。第一次聽到他的名字就不是好事。他和另一位年輕技術員在工地下班後出車禍，警察報告中指出二人微醉駕車，公司保險不但要負責對方的損失，自家的工務車也撞損不輕。人事部門要求葛菲解聘二人。葛菲提到勝年那裡，希望公司只給予警告，留職察看嚴管。很意外的，勝年接到了賈格的電話，很誠懇的道歉，他希望公司不要解聘那位技術員，他願意承擔錯誤，但他未來一定不會讓公司失望。因為有了這樣的印象，第一次在公司年會上遇見他，倒是很驚奇的發現他不同的形象。

可塑性的領導人物

賈格長得很「喜相」，臉上兩個大酒窩笑起來像個孩子。和一般美國年輕人一樣，談吐風趣幽默，老是調侃自己。他其實是一個非常優秀的技術人員，非但在水質與土質整治的技術有很深的造詣，對設計與施工的深度了解也是讓人另眼相看。即使是管理人事與財務，也能舉一反三，是非常有可塑性的領導人物。由於他活潑

討喜的個性，和在經驗中訓練出的生意頭腦，從一個技術人員，逐漸有了管理小專案的經驗。多年前我曾兩次和他一起去拜訪客戶，有和他相處的機會。那時他已開始展現出對市場業務的精明與策略，管理員工也是有條不紊。如有錯失，檢討重來，並不掩飾。在西岸的成長中，賈格成了越來越重要的一份子。他從管理小專案，到越來越大的專案。後來開始負責西岸幾個辦公室和有關的大小專案。

葛菲升任營運長之後，他接掌葛菲的原職，運籌整個西岸的業務。在我們退休的前一年，他已經是一個子公司的總經理。

勤奮上進家庭幸福

在過去20年，西部逐年蓬勃成長，我欣見賈格漸漸成熟為葛菲手下獨當一面的經理。個人生活也從一個快樂單身族，結婚成家，接連生了雙胞胎，一共四個女兒。說起他和太太在海邊的房子，同事玩笑間所謂的濱海豪宅，他就誇耀父親一向的教誨，太太一定要娶有家產的……其實他和太太彼此都幸運，因為他是一個精明勤奮上進的人。

可惜他的那棟濱海豪宅，在一次大雨之後，土石下滑被捲滾在泥沙中。賈格在睡夢中驚醒，呼叫全家逃到屋頂閣樓，整棟房子埋在滑泥裡，這閣樓最後是唯一露在外面的一部分。這個故事被新聞採訪登載報上，我才知道。我說他果然是命大福大。

穿著體面的經理

他是公司男女經理中唯一注重穿著的。在我們這個以專門技術服務的公司，技術人員即使在辦公室也是以穿著舒適為主。行政人員習以為常，也都有樣學樣，穿著隨性。每次開經理會議，賈格都身著黑色西裝打著領帶。常有其他經理開他玩笑，你是去婚禮還是喪禮，穿得這麼正式？他就調侃自己，太太買了這些西裝，這正是可以表現我有好老婆的機會。

有時想到，一個年輕的技術人員犯了一個不小的錯，有膽量誠懇地直接向總經理認錯討罰，其實是滿有勇氣的。如果20年前依照人事部門的建議解聘了他，公司就少了這樣一個幹才。可見當年高層就已看出了他長遠的潛力，才成就了這後來的中堅幹部。

初生之犢不畏虎的科泰斯

另一位公司的後起之秀是科泰斯。科泰斯在德州加入公司，他雖是德州人，卻與威州淵源久遠。他是從威州大學土質工程系畢業，太太是威州綠灣人。所以每年夏天，他和太太女兒們就會到威州綠灣住上幾個禮拜。他可以在綠灣辦公室上班，太太女兒則在娘家度暑假。

科泰斯每次開會，都穿著他特色的德州裝，繫著細細的領結；公司年會上戴他的德州帽，搖頭晃肩上台去表演幾句歌藝，加上他

中南美裔特有的褐色皮膚，風趣詼諧的笑話，是一個很受歡迎的人。和賈格一樣，他有那種初生之犢不畏虎的個性，很適合做市場業務的工作。他從管理一些專案開始，後來大部分時間都在東征西討爭取業務機會，頗有績效。

青出於藍而勝於藍

有次公司贏得了一個囊括全球空軍基地的大合約，因此先生去德州開會，與會的都是全球性大工程公司的資深工程人士，科泰斯並不在受邀之列。但是當大家都入座後，科泰斯忽然進入會場，非常大方的自我介紹，到處握手，很快就融洽的與許多人稱兄道弟。事後先生提起這事，覺得科泰斯有我年輕時的作風，有膽量、不怕生、敢闖。其實我知道，他是青出於藍而勝於藍，比我強多了。

會後在科泰斯送勝年去飛機場的路上，兩人一起吃晚飯，才有一個機會和他長談，科泰斯講了許多個人的有趣經歷。大家從來只知道科泰斯太太是威州綠灣人，其實她也是中南美裔，小時候和姊妹三人住在孤兒院。有一對威州夫妻看上了小妹，希望領養，但是孤兒院堅持三姊妹需要一起出養。這對夫妻就帶回三姊妹，視如己出，三人全都大學畢業，和父母極為親密，暑假寒假一定全家聚會團圓。在美國社會裡，這種領養屢見不鮮。一般美國家庭其實大多是開明、開朗、有愛心，真心疼愛領養的兒童，竭盡所能讓孩子們發揮潛力。

膽識就是力量（Boldness is the power）

　　只是前陣子，聽說科泰斯接受了另一家公司的聘請，公司無法挽留，原因是這家公司給予他無法拒絕的股份。其實多年來已可見到他和賈格這幾位年輕俊才逐漸增強的領導實力。他們都是專業有成，而又有可塑造的領導潛力，最重要的是他們都有不可多得的不怕生、不怕錯，敢放手一試的膽量，正如我所相信的Boldness is the power，也預料到這些後起之秀不可低估，但不知這麼快，後浪已推前浪。

軍事人才　工程精英

來自軍方的幹部，帶兵遣將的領導概念，如能磨練實幹，
培養出生意上的理念，就是極佳的人才。
所以雖然有過不愉快的經歷，
但我們沒有放棄從軍中謀才的信心，最終有了好的回報。

公司先前曾經聘用過軍隊訓練出來的幹部，他們有很強的領導和組織能力。前文中提過兩位經理，雖發揮了他們的功能，但是在言行和營運上往往顯得急躁激進，有時甚至跋扈，留下了難解的營運癥結。幸而最後這十幾年來又有機會聘用了多位軍中的人才，其中有兩位軍人出身的資深經理，為公司成就了不少頗具規模的工程，展現了圓融的營運才幹，對公司的顯著成長有卓然的貢獻，與我們有一段長久、愉快的共事經驗。

急需人才主理海外工程

20多年前，我們首次擠身進入美國空軍總值數百億美元的合約群組裡，比起同組對手那些全球性的知名大規模工程公司，我們的市場與人才資源完全不成氣候，只能做些國內小型的工程。既無法有效的打開國內市場，更遑論做全球美軍海外基地的工程；即使海外市場有機會，我們也沒有人力財力來完成這些工作。這些合約每三、五年就會重新招標。經過幾次捲土重來，有了前面累積的經驗，我們的競爭力逐年增強，漸漸可以承擔中、大型規模的工程，甚至從國內本土的工程延伸到海外工地。在這些年的重複投標裡，只有一次名落孫山。

　　我們在工程人才資源上逐漸雄厚，但是急需有人來領導這些專業人員在海外的營運。這領導人才需要有經驗能處理海內外人事的調動與物資的運輸，事務與規則，客戶工地各階層的關係，要很快能熟悉當地的工地設施，工地營運等等。我們先在公司內外尋覓，但找不到完全合適的人選。

喜獲海軍出身的凡登堡

　　凡登堡的出現真是無巧不成書。他是威州人，畢業於威州州立大學土木工程系。在威州中部工作很短的時間後，參加海軍訓練營，成為海軍軍官，在海外各種基地工作了20餘年。在他任軍職其間，海軍出資供他回威州原校兩年，攻讀土木建築管理碩士。不但學有所專，並且有豐富的管理經驗。他從海軍少尉一路當到中校 **Navy commander** 退休，這是非軍官學校畢業的最高軍階。在這期間他經歷了無數大小工程，從地下輸水管、下水道、電纜、地面供水系統、污水處理、軍舍建築、軍訓設施、空中通訊塔台、橋樑道路、儲油設施等他都非常有專業深度。從設施規畫、設計、工程建築、維修無所不涉。

　　我們的工程夥伴，一家位於威州中部的中型工程公司──馬克曼，面試了凡登堡，但一時沒有空缺聘用他，就轉來他的履歷，勝年喜出望外。眾裡尋才千百度，暮然回首，這人竟然出現在這威州小城綠灣市。

　　後來凡登堡告訴我，他在軍中每兩三年就需要輪調到不同的工地，幾乎跑遍了全球五大洲。太太、兒女都習慣了經常搬家，處處為家。但是由於岳父母年邁，需要照顧，雖然已是高級領導軍官，負責相當龐大的人員與預算，服役期限一到，卻也馬上報請退役返鄉。

主持會議圓融堅定

　　他在馬克曼公司工作無著後，有些失望。馬克曼離他家很近，也很欣賞他的工程背景，但是一時之間沒有空缺，而且該公司的營運範圍是在中西部，他的全球營運經驗無用武之地。但是因為太太決心在此定居，已請了建築商蓋新居，他只好去申請一個威州設施管理所的管理工程師的工作。當他從那場面試走出來時，接到我們公司人事室邀請他到密市總部來面試的電話。他開玩笑地說，差一點就去當管理員了。

　　後來在聖誕年會上見到他的太太，我稱讚她賢慧能幹。凡登堡告訴我，太太來自綠灣市旁邊的一個小地方，家中務農。二人在大學時，太太拒絕他的追求，說他是城市來的滑頭小伙子。凡登堡喊冤說，我的家鄉不過是離那不遠一個六千人的小鎮啊。

　　有一次勝年出巡我們在日本的一處工地，參加了一個由專案經理凡登堡主持的重要會議。列席的幾十個人當中，一大半是客戶，都是工地上各個有關部門的人員，意見紛亂，各吹其調。勝年眼見

凡登堡在數小時的會議中，顯出他的耐力、組織力，堅定地引導整個會議往前推進，對他那謙和穩健，老練圓融的主持會議手腕，以及營運上的領導力極為稱許。

軍界炙手可熱的迪馬

公司另一位軍職人才是迪馬，退役前在工程界曾是炙手可熱的一號人物。他因有主管許多空軍工程營運的經驗，能力人品人人稱道，許多大公司在注意他未來的動向。迪馬退役前是空軍上校，公司以前也聘用過同等階級的經理傑伊。但是迪馬不同，他在工程營運方面有深厚的經驗，為人處事又謙和圓潤，在我們這工程界早有口碑。在軍方能否升將官，是個未知數，並得耗時等待，因此他決定及時退役，步父親的後塵進入工程界。迪馬的父親曾高居將官，從軍中退役後投效一家全美知名，擁有數萬員工的大工程公司派森，一度曾任該公司的CEO。迪馬的太太也是這家公司的資深工程師。軍人世家，一門工程精英。

業界搶聘的頂尖工程師

我們公司雖是大型IDIQ合約公司之一，但擠身在同組大型公司之中，要搶聘這類型工程尖端人物，是要花一番功夫。迪馬在我們退休晚會上敘述他加入公司的來龍去脈，我才得知這細節。

寧加入機動嚴謹的小公司

有一天，公司兩位資深經理梅特與史蒂夫約了迪馬到酒吧餐廳，目的當然是拉攏關係，希望他對公司的潛力有更多了解，能夠加入我們的團隊。這時梅特接到一個電話，出去了一會，回來之後提到我們的客戶，工地總工程師凱歐上校。凱歐上校官階很高，負責空軍海外基地的工程。他從日本打電話詢問梅特有關工地提案的事情。迪馬順口問，這不會是我在華府任職期間的同僚凱歐吧。結果對證之下，果然就是那個與迪馬曾經在華府同一單位，同桌開會受訓，共事多年的同僚。當然迪馬曾向凱歐探詢有關公司的聲譽。凱歐告訴他，這個數百人的小公司，沒有像幾萬人的大公司那麼神氣顯赫，但是他們營運基礎堅固，工作態度嚴謹，對客戶的反應很尊重，工作人員的態度應對都很機動敏捷。這是一個有實力，又能彈性運作的公司。他最後的評語是：以一個客戶，他寧可選用這樣一個可以與他溝通而又能敏捷迅速，不拖泥帶水依計畫完成工作的公司。不久迪馬就加入了我們的陣營。

迪馬先任職為西岸經理，數年後勝年退休的前一年，任命他為一個子公司的總經理。當迪馬還是區域經理時，曾有一次勝年帶領一位董事，也就是勝年退休後接任的總裁，同去巡視幾個東南部辦公室的營運情形。迪馬胸有成竹，有條不紊的營運和對手下員工的領導力與號召力，令現任與未來的兩位總裁都對他印象深刻，看得出他能力的深度與廣度還有更大的潛能。

最初幾年裡，先生一方面讓這兩位軍人出身的主管，完全發揮他們帶兵遣將的領導概念，同時也花了一番功夫磨練實幹，培養他們在生意上的概念，和與對手競爭的謀略；這也許不是最注重軍隊同袍情誼的他們所習慣的。雖然都在同一個業界，但彼此競爭，運籌帷幄，建立自己的能力與信用，才能贏過其他競爭者，讓公司永續。

刻骨銘心的退休禮物

我們退休時，迪馬默默地費了許多心思與時間，準備了一份讓我們刻骨銘心的禮物：一張美國國防部頒發的榮譽獎狀，幾枚刻著空軍基地名字，由各基地司令所頒發的金章——這些都是我們公司做過大工程的基地，以及迪馬透過國防部得來的一面曾經於2017年7月31日飄揚在國會山莊的美國國旗。這份禮物代表了深遠的意義，是一份值得長記在心的榮耀。

· Shadow Box ·

精誠相隨成磐石 ⭐⭐5

知人善任築磐石：福樂斯先生

知人善任，比識才、納才更難。
這樣一位學者型技術專才，用對了是公司的棟樑支柱，
用到不對的位置，就有可能導致我在歐市同樣的錯誤。

認識約翰福樂斯是在二十多年前，在密市的一個購物中心，他過來和勝年打招呼。勝年告訴我：這就是那位令他印象深刻的H公司技術經理。

我們需要這樣的人才

H是規模極大的工程公司，在密市不但統領大團隊完成密市廢水排放與處理系統的重建大工程，同時間並進行環保署幾個長期污染整治的大合約。那段期間，我在環保署芝加哥管轄區下了幾年的功夫，終於得到一些小合約，開始在中西部嶄露頭角，小有名氣。有一次，H公司在呈交一個長期合約的提案時，邀請我們加入為次合約公司，因此有幸一起參加環保署的面試。勝年回來以後，幾次提到一位令人印象非常深刻的專業經理，他就是福樂斯。福樂斯並不是合約專案經理，但是面試全程幾乎都是由他主講應對，與客戶對答如流。看到這樣的場景，先生覺悟到，我們也需要有這樣的人才，中西部的環境整治團隊才有足夠的競爭力。

喜獲重量級生力軍

H公司贏得了環保署那個大合約以後，卻沒有意圖履行他們對

次合約公司的承諾，提供工作給我們。我們花了不少功夫與他們的各層經理商討，希望能參與一些工程。後來證實，H公司只是要利用我們在當地的一些小名聲，因此與他們的關係一直不愉快。有次和福樂斯閒談中，提到H就像其他大公司一樣經常裁員變動；我馬上藉機說，如果H公司情況有變而他本人也想異動，我們對人才永遠敞開大門歡迎。一年多後，他打電話來希望到公司見我，原來H公司又改組裁員，他覺得不適應新組織和新老闆，想要換個環境發展。

不久福樂斯就成了我們重量級生力軍。勝年喜不自勝，安排他在提案部門，而且很快的就讓他取代自己擔任的一個專案經理的位置，不但要負責案子且需要管理各種人員。那時公司快速發展，已有100多人，但是人資、行政、技術的後勤支援跟不上腳步。福樂斯曾在一個幾萬人的大公司做了20多年，習慣了方便又豐富的資源，覺得小公司處處捉襟見肘。一個月之後，他向先生提出辭呈，決定回到原公司。先生許多年後仍記得那次的談話，他說：「這樣吧，我把你的辭呈先放在抽屜，我會告訴人事部門把你的職位保留著，我們等你回來。」一個月後福樂斯回來了，從此再沒有離開過。如今他在公司也工作20多年了，估計明年也到退休的年紀。

人才失而復返

識才、納才不易，知人善任也難。先生歡喜人才失而復返，很快就把手中一個數百萬美元的大合約專案轉交給福樂斯管理。福

樂斯是一個小心謹慎而又有深厚技術專長的人，這個合約對他來說應該是得心應手。管理一個數百萬美元的合約專案需要有一個不小的團隊共同完成。對外，經理要有應對客戶的能耐，需要經常與客戶接觸，回應各種要求，有時斟酌進行，有時又得緩解壓力婉轉拒絕；對內，則要選用適合的技術人員排入一個大專案的每一個小部分、管理工作進度、協調人力、符合財務用度；人事方面則需要考評、糾正、鼓勵，或獎勵高升，或解聘換人。這些管理細節，說來容易，但是在日常處理中，經常會有與員工、其他部門甚至與客戶有不同的意見，乃至於衝突，針鋒相對，導致爭執。這都需要有很多經驗、技巧與膽識，才足以擔當。

福樂斯開始出現煩惱，經常到勝年辦公室商討求助。我們逐漸發現他不太願意處理人事的問題，不喜歡面對有衝突的狀況，若與員工有異議、爭議，或負面的意見，怯於啟齒，總希望別人能替代出面解決。

他雖對專案的技術與目標很有理念，但是執行與理念是兩回事。執行需要帶動整個團隊的人員，協調行政與其他部門，爭取客戶的支持與信心。一個領導人需要提供能量、膽量、信心與決心；遇到阻力，自己不能膽怯，更要給手下員工鼓勵和信心，並且還要有勇氣與智慧拿出解決的方案，衝破難關才行。

學者型的技術專才

不久之後勝年把他調回提案部門，並且兼管技術報告撰寫審查、工程結論、品質統管等事宜，他成了公司很重要的技術資源。我常說他像學者，喜歡專注於撰寫專題報告、技術提案、複查法律與行政文件。他滿腹經綸，記憶力好，說話風趣，對文學音樂的愛好廣泛所以話題豐富。許多同仁和我一樣，與他一起商務旅行，都覺得非常愉快，因為他是一個言之有物，談吐風趣的人。

福樂斯和太太是虔誠的教徒，太太是教會學校的老師，女兒是社會工作者。太太早幾年退休後就開始從事慈善服務。福樂斯幾年前愛上攝影，與太太一起參加慈善服務時，常拍攝一些溫馨又令人感動的照片。我還鼓勵他去參加攝影比賽。他們是一個和樂行善的家庭。

他辦公室的燈總是最早亮最後熄

他不但學養豐富，也是全公司最勤勞的人。他辦公室的燈永遠最早亮，最晚熄。每天早上七點鐘一過，餐廳的第一杯咖啡一定是他喝的；晚上也是最後一個關門走出電梯。常常在提案趕工的關鍵時期，我在晚上九點多開車經過總部大樓，總看到二樓他的辦公室燈仍亮著。任何時間走過他的辦公室，都會聽到隱約的音樂聲。他愛好古典音樂，喜歡談論音樂、文學、自己的家世，以及商務或個人旅行的種種趣事。

　　經驗中學到，知人善任，比識才、納才更難。這樣一位學者型技術專才，用對了是公司的棟樑支柱，用到不對的位置，就有可能導致我在歐市同樣的錯誤。

　　福樂斯的辦公室就在先生辦公室的旁邊，我的也在附近。每次走過，看到福樂斯勤奮又安詳的工作身影，再看到會議室裡勝年那穩如泰山的側影，與幹部專注地開會；就會覺得辦公室的這個角落有如公司的磐石，安穩而堅固。即使遇到暴風雨，公司也能穩住腳步，終得迎刃而解。

真誠出英才

因為沒有尋到合約夥伴，挫折又不甘；
當另一位經理找到夥伴時，他沒有回家過感恩節。
直到聖誕節前寄出提案才返家。
就是為顯示他彌補與必贏的決心。

我認識梅特的時候，他大約30出頭，剛結婚，與太太是一對璧人。在我寫這篇文章的兩天前，他來會見一位舊客戶，這位客戶因為與先生也有一段淵源，所以我們有了一個退休後的愉快聚會，敘敘前緣。梅特說他已53歲，我這才注意到他稀疏的頭髮大半灰白了，時間真是飛快。

撰寫提案不落俗套有創意

梅特由傑森引進公司時，還是個年輕小伙子，學的是生物，並沒有什麼特長，但做了幾年市場業務並參與一些提案文件的撰寫與準備，逐漸先生發現他寫作的用詞與結構不落俗套有創意，於是就讓他負責公司技術與專長介紹、公關宣傳、公司公告等編撰工作。他也參與一些業務發展，撰寫提案，但因經驗見聞不夠深廣，所以只能先做中小型的提案，或在較大的工程提案當助手。

回鍋投效今非昔比

梅特的父親在維吉尼亞州競選州議員，需要他幫忙助選，所以梅特在公司三年後辭職搬去東岸，在一家同行競爭的環工公司做

事，一面業餘幫助父親競選。他的公司是我們在環保署很強的一個競爭對手，所以偶爾也有他的訊息。這強勁對手有兩次在大提案中打敗我們，而梅特就參與其中。我們公司業務與提案部門雖然已有資深專員，但自從史查離開後，在提案忙碌時節，準備與撰寫提案總覺人單勢薄。這時有人提議，把梅特聘請回來。由於梅特在公司服務時，人緣極佳，所以大家都附議。梅特也欣然接受了這回鍋的邀請，與公司再續前緣直到現在。

重返公司的梅特今非昔比，對提案的分析、策略與撰寫都有較成熟的見解。也許是因為參與過政治競選活動，曾協助構思政見與競選謀略；又參加過對方那個強勁競爭者幾次成功的提案，再加上他本身原有的卓越寫作能力，幾年間由一個資歷輕淺的年輕業務人員，蛻變成一位成熟的業務與提案專才。提案部門原有一位資深經理福樂斯，專業基礎紮實，撰寫能力深厚。二人相輔相成，驟然間提案部門能力大增，整體程度提高，業務發展與提案呈繳的成功率也大幅增加。

略帶傻勁的真誠

但是我要提的，是梅特獨特的個性，及別於他人的業務發展技巧。從初識梅特時，我就注意到他講話總是在客套中帶著真誠率直，有些年輕人的傻勁。這次再見到頭髮灰白的他，為人愈趨成熟，但是那對人的真誠、傻氣還是沒變。

這要從一次公司準備呈交一個極大的空軍IDIQ的合約提案說起。因為金額非常大並且工程項目包羅萬象，涵括了全球美軍基地，所以合約的條件很高。承包的工程公司要有承做極大規模工程的成功經驗，才能參與。雖然我們的工程設計能力可以符合大部分的要求，但是欠缺大規模工程的設計經驗，這就得找合作伙伴來彌補不足。

梅特經過一番探尋，很快的回覆：合作伙伴難求，因為有這樣大規模設計經驗的幾乎都是大公司，他們都會自己當總合約公司，不可能當別家的夥伴，或是當次合約公司。他的回答聽來有道理。但是不久之後，另一位剛加入公司的業務經理就覓得一家有大規模設計經驗的中型公司，可是從未與聯邦政府直接有過合約，一直都是以次合約公司做工程設計，所以非常願意與我們合作。有這樣一個合作夥伴加入，我們這個提案團隊如虎添翼，信心大增。在勝年的大旗之下，提案部門意氣風發。

從感恩節加班到聖誕節，堅志扳回一城

那時是11月感恩節前，提案截止日期是在新年的年初。所以這提案分明是要跨過感恩節以及耶誕節兩個重要節日。我在感恩節之後回到密市總部，碰到梅特正在總部努力準備提案。梅特住在科羅拉多州，助理告訴我他從11月中到現在一直留在密市準備提案，沒有回家過感恩節。直到聖誕節前我離開總部返回西岸過節，提案部門才把這個大規模的提案依照規定裝箱寄出，我記得光是拷

貝版就有七、八箱，內含十幾個光碟電子版。梅特直到文件裝箱寄出才返家。提案資深經理福樂斯提起這事，認為梅特因為沒有尋到合約夥伴，挫折又不甘，所以一定要顯示出他彌補與必贏的決心。一年之後，空軍開標，這幾十億美元的大規模合約，入圍者幾乎都是世界級的大型公司，僅有兩家小公司擠身其中，我們便是其中之一。

透過廣泛運動愛好拉起人際關係

我們的目標客戶大多數是聯邦政府機關，難以電話聯絡或隨意走入辦公室要求會晤有關人員。要認識與建立關係，都很困難。唯一的辦法就是去參加各種商務展示會或研討會。即使在會場上有機會與幾位有關人員握手自我介紹，再續人際關係也不容易。梅特再回到公司服務初時，也是苦於投路無門，同我之前一樣，全國奔波參加研討會或展示大會，希望藉機結識有關人員期能打開幾扇大門。在後來的幾年中，我常聽說他與同行朋友經常去露營、短跑、長跑、爬山，還有一次是與兩位同業單車環騎夏威夷島。之後才明白，他真是在這些人際關係上下了不少功夫。透過他的廣泛運動愛好，再運用他個人真誠傻勁的魅力，建立起人脈。與他相處一段時間，或一起做一些同樣愛好的運動，就能體會出梅特獨特的個性，這樣建立的關係誠信度極高，可以維持長遠。包括他與勝年長達20年的相隨共事的情誼。

勝年與梅特也是經常爭執。那一次空軍的大合約，當時就曾責

備他沒有盡力去尋覓有資格而能補我不足的夥伴，卻輕易的就建議公司放棄這個提案。之後勝年常常提醒他，你若不一試再試，試遍全部可能的方法，就不要輕言放棄。

　　另有一次，梅特請求勝年同去日本拜訪一位客戶。雖然我們已是那個大的空軍IDIQ合約公司之一，但是有些同組的合約公司和客戶已有長期的工作關係，想要擠身進入競爭的小圈子內，談何容易。梅特得知有一個長期廢水處理場的工程將編列在來年的預算裡，客戶非常可能會把這個大工程交由另一家合約公司，因為他們在同一地點已做過其他的工程。他們的優勢是對這個地點形勢、人事非常熟悉，而且數據現成不必另取。把公司總裁拉進業務第一線，是非常少見的。梅特探知我們的對手所排出的專案經理是一位建築師，而我們直接客戶的基地主任是工程師，情急生智請出也是工程師，同時也是公司裡最有說服力的廢水專家——總裁勝年——出馬。這雖不一定是輸贏的關鍵，但可見梅特用盡任何可能有轉機的大小武器，必求勝利。

精誠為開，是最大特長

　　多年後勝年仍記得在開完一整天會議之後，與客戶、梅特三人背著高爾夫球袋，坐了幾小時的火車，利用週末去打高爾夫球。梅特背著自己的球袋，一手提著客戶的球袋，有時還要招呼扶持勝年這位年紀較長的老闆。三人在火車上興高采烈談著打球樂事。歡談中，梅特引出我們公司所做過的廢水處理工程，以及老闆勝年廢

水處理的堅實專業背景,並婉轉點出對手在這方面實力不如我們。
當然客戶不可能當場做出任何決定或承諾,但畢竟給了我們一個競
爭的機會;結果我們贏得了那個長期的廢水處理工程。由於這件工
程,打下在那個基地的長遠基礎,至今我們仍然在該處提供許多長
期的工程服務。勝年每次想起那次的業務旅行,總會說,精誠為
開,這是梅特最大的特長。

老少攜手合作無間

提案部門資深經理福樂斯有深厚的技術基礎,又有純熟的撰寫
能力,是極為出色的專業人員。但是他不善於管理人員,所以逐漸
地先生希望梅特能接管福樂斯的人員,但不可有損這位資深經理的
自尊。梅特在幾年中慢慢地接手提案部門,他與福樂斯這對老少配
不但相處融洽,在職位上,彼此也並不介意高低。這是非常難得的
一種同仁關係,也只有像梅特和福樂斯兩人彼此真誠相待才能有的
情誼。

梅特常調侃自己的去而復返,是出國遊學。我卻常笑他是迷
途知返。梅特在過去的20年與勝年相惜相隨,先生對他,盼之高
責之切。這次退休後的聚會,他們三人再次一起享受高爾夫球的樂
趣。距離上一次一起去打高爾夫球,同度一個愉快的週末,已經是
好多年了。這位老客戶也已退休,勝年與他見面既高興也感嘆時間
飛快。

盼高責切　帶兵成將

聚會之後，先生感性地對我說，幾十年與這些幹部從年輕共事到退休，如同自己兒女，疼罵愛恨，真誠出英才，也不枉費這幾十年在公司裡帶兵成將的辛苦了。

禮賢能士　更上高樓

商場上沒有設定的朋友或敵人，
每一個合約或事故都是單獨事件，需要估量輕重；
只要不觸法，不涉及道德的底線。
對於人員也是一樣，選人聘才不計前嫌。

傑卡普斯(J公司)這個知名的大公司當年是代表能源部在歐市營運環保整治工作的兩個合夥總合約公司之一。他們與能源部的總合約大約都在數百億美元的規模。我們是他們的次約公司。J公司根據工程的需要，有權邀標來篩選次約公司。史蒂夫那時是J公司管理這些次合約的資深經理。

小鬼難纏

那幾年我們在田納西州歐市業務蓬勃，積極呈交提案，得標率也不低，只是總合約J公司除了要符合工程的進度，更要配合能源部所提倡，盡量利用當地的人力資源；所以要求我們這些次約公司要約僱在當地所謂的「爹娘小店」（Mamas papas shop），就是那些只有數人小公司。這些小公司良莠不齊，約用以前很難辨識他們是否能把事情做好。有一次我們用了一個小公司，發現他們的工程品質實在很差，接到帳單之後，要求他們重做。結果他們一狀告到能源部。公家機關最怕這些小民小戶吵上報紙，影響他們的名聲，就要求J公司趕快解決此事。J公司受到壓力，一通電話打給合約經理馬克限定時間馬上付款，不然把我們列上黑名單，再投標就難。我們第一次了解到，小鬼難纏的道理。為了維持和J公司的

關係，我們付了將近20萬美元。這小公司未幾宣布破產，留下爛尾工地。我們又花了相似的數目自己重做。我們公司就是那個時候和史蒂夫有過不愉快的爭議。雖然我從沒親自與他交過手，但史蒂夫一定對公司的名字過目不忘吧。

舉才不計前嫌，聘用史蒂夫

時過境遷多年後，公司急需一位專營建立客戶、工作夥伴、業界關係的高級幹部，經過幾位資深經理的推薦，勝年聘請了史蒂夫。一開始他提起與我們公司的過節略顯不安，當然後來與我們相處多年，再提起時，已能坦然稱許公司的大肚量，不計前嫌。當然最重要的是，他的確有許多可用的專長，所以能為公司解決不少難題，拉籠許多業界關係，並且覓得幾位專業人才。

記得史蒂夫剛加入時，梅特同他一起出席大型商討會。梅特告訴我，不知是因為史蒂夫低沉且洪亮的聲音傳得遠，個頭又大，或是他善於交際的個性，只要他走入會場，幾乎人人認得他，不認得他的也很快就熱絡了起來。當然主要與他長年參與各項職業組織、研討會等等各類型的會議，在客戶市場間建立了深廣的人脈。

商場沒有設定的朋友或敵人

在經營生意中，沒有設定的朋友或敵人。每一個合約或專案，都是單獨事件。這個合約的合夥公司，可能是下個專案的競爭對

手。每一個事件都需要重新衡量彼此的相對輕重。這與專業道德或合約的合法性並無關係。在我們的觀念裡，對人員也一樣。於史蒂夫，我們曾有嫌隙，只要不觸法、不違道德的底線，外舉不必記仇。

態度冷淡的總合約經理

另一個例子就是瓦滋。認識瓦滋時，他替一個大公司——地球科技做事，是一個年輕的土質技師，後來不久就成為專案經理。那是九零年代中期，我們第一次贏得一個空軍的小合約，有人介紹我去地球科技見這位剛升為那個大空軍合約的總代表/總合約經理。當時覺得瓦滋沉默寡言，態度冷淡，不禁懷疑這樣一個低調的主管能為他公司承擔這個上億元合約的重任嗎？

在二十多年前，國防部推展一個大小公司聯線的計畫。目的是鼓勵知名的有國防合約經驗的大公司，與國防合約經驗淺薄、資源不足但有潛力的小公司聯線。大公司可以利用小公司的彈性與靈敏的營運，而小公司則從大公司的熟練行政與專業中學習經驗。國防部的本意是要輔導小公司成長，讓有更多的合約公司競標聯邦的工作，立意良善；可是大多數的大公司參與這計畫只是為了討好國防部，贏得大公司大胸懷的好名聲。輔導小公司花費的時間和費用，還可向國防部申請補助；所以大公司此項計畫，沒有任何損失，除了略施小惠，其實並不會再做任何額外的努力來幫助小公司。

當時我們公司就與這大公司地球科技聯線。當梅特和我去他們

的丹佛辦公室拜訪時，才知道瓦滋正是當地數百員工的主管，地球科技在附近幾州非常活躍。瓦滋對我們的拜訪，態度冷淡，有問才答，絕不多言。對我們在丹佛附近與鄰近幾州的工地提供服務，表示愛莫能助，因為他們全部人員都已安置好了。我對那次的拜訪極為失望。其實我們也很清楚，大公司參與這聯線計畫的目的，不過是用來提高聲望，不可能分一小杯羹給任何其他公司。

我們公司由小而大，一步一腳印漸成漸長，並不曾指望外力相助，所以與地球科技的關係並不因此惡化，也維持一般共利合夥的關係。

這地球科技公司像任何公司一樣，多年來收購合併了不少公司，最後也被更大的公司合併。幾度乾坤翻轉，結構重組，許多資深經理雖服務幾十年，仍遭冷凍或解聘，瓦滋就是其中之一。

收攬沉默寡言的瓦茲

多年來勝年和幾位資深經理經年累月忙碌地營運與解決接踵不斷的問題，總希望在問題發生之前，就能先發現，進而預防其發生或惡化。可是現有資深幹部沒有時間，也沒有適當的人員能承擔這風險控管的工作，包括對技術與專案管理上應該有抽樣、定期風險評估等等的檢驗與防範。當梅特向先生提起瓦滋想要離開地球科技另謀他圖時，勝年立刻想到以瓦滋的經驗，這品質管制與風險防範的工作可能有人選了。

勝年與瓦滋的面試長達一整天,對他的專業與營運的廣泛經驗有了深度了解,公司很快就下了聘書。但是要形成一個新的部門需要公司內部許多調整與溝通,經過一兩年後這新的品質與風險管理部門才成立,由瓦滋主管其事,下設兩位經理。

成立品質與風險管理部門

在瓦滋主持下,這個風險管理部門擔起了抽樣、示警、評估、改善、強制等等許多不討好的職責。若沒有瓦滋幾十年主管上億元專案經費的深厚經驗,不可能有那瞻前顧後,廣泛而又深入細微的洞察力,才能檢查細節、發掘潛在風險。瓦滋肩負了勝年的完全信賴,與對防範解決營運風險的厚望,全力以赴。他是勝年的電子眼與後臂膀,看到觸到一般營運上難以發現或遺漏的問題死角。有了這幾位曾經站在大舞台,開展過大眼界的幹才,才能把公司推向更高層樓。

惜言少語　惺惺相惜

他在會議上惜言依舊,只有被問及意見與職責時,才字字斟酌地闡述己見。他的冷漠不語,也許只是沉默深思吧。這一點也是勝年與他惺惺相惜的因素之一。他對我說過,勝年是一個不多言語的人,但言之有物,所以當他開口時,大家會聆聽。

(He is a man of few words, but when he speaks, people will listen.)

162

淚眼人兒　破繭成蝶

珼兒的資質雄心絕對高於只做一名會計師，
但是現階段她在公司看不出有往上爬的機會，
於是離職重做學生。就在她取得管理碩士，積極求職之際，
我們的會計經理出缺了，部門也急待重整。
兩方都十分興奮重啟舊緣，前景待展。

女兒問我，有一年高中暑假她在公司打工，記得有一位很年輕的東方女孩在會計部門，她就是梅莉珼兒嗎？可不是嗎？算來時間真快，珼兒在二十多年前加入公司時，才三十不到，人美聲音甜。她先生在當地一家專為國防部製造電子儀器的公司管理部門當副理，夫妻二人都年輕、能幹有雄心。

有潛力，錄用為儲備經理

珼兒是有照會計師，之前在一家世界知名的會計事務所做事。當我們前任會計經理辭職時，勝年在幾位面試的人選中，聘用了最老成有經驗，而且原先也在工程公司服務的瑪莉。其實並不需要聘請另外一位資深會計師，但是勝年一眼就覺得珼兒非常伶俐，學習力一定很強、有潛力，所以錄用為儲備經理。她來了不久，我們就注意到她的會計財務知識不亞於經理瑪莉，應用之靈活可能還有過之。唯一就是年輕，經驗淺薄一點。

由於瑪莉與其他專業技術部門常有摩擦，會計部門是很不受歡迎的。瑪莉忙著應對這些摩擦，很多會計事務都是交由珼兒執行。

例如，二十多年前勝年決定把整個營運系統化，幾乎花了兩年多的時間，派員接受軟體應用訓練，數據轉換自動化等等，投資了不少人力財力。珥兒和合約經理馬克就參與了這個系統自動化的營運專案。雖然珥兒表現突出，也有雄心擔負更多的工作職責，但那時公司成長平平，無法給她升遷的機會。幾年後已有兩個孩子的她決定辭職，回大學專心攻讀管理碩士。其實我們知道，珥兒的資質和雄心絕對高於只做一名會計師，但是現階段她在公司看不出有往上爬的機會。

去而復返，撐起會計部門

之後由於當時的總經理肯恩發生一些周折變故，經理瑪莉帶著一名下屬離職，會計部門頓缺主管。勝年想起珥兒，幾位過去與她有共事經驗的經理都同意，比起前任嚴肅兇悍的瑪莉，這位說話行事都透著女性溫柔的珥兒要容易相處多了，眾口同聲贊成請她回來。珥兒剛取得管理碩士，正積極求職，而我們的會計經理出缺，部門也急待重整。兩方都十分興奮重啟舊緣，前景待展。

珥兒回來後，不但很快就撐起整個會計部門的運作，並執行勝年一向提倡的平衡、監督與矯正的功能。財務會計方面的營運馬上顯出效率，珥兒也被擢升為財務會計總監。但是前任經理瑪莉所經歷與科技部門的齟齬仍是珥兒的麻煩，並沒有改善。

前線與後勤，爭執難免

　　這種前線與後勤部門間的爭執，本來就很難避免。技術經理、工地主任等業務主管，每天要面對工程與財務兩方面的進度與平衡，應付客戶的各種需求，遵從當地的法規，人員的需求調動，等等的壓力。所以當他們有求於行政、合約、會計部門的時候，語氣態度很容易顯得急切強勢，讓行政人員覺得太霸道，最後兩方的爭執總會提報給勝年。在諸多爭議當中，總經理要分析了解工程部門需求的急切程度，也要體諒會計行政合約部門得秉持公司所制定的政策，發揮制衡與管理的功能。一方面要給予工程人員所需的支援，也要讓行政財務人員執行監督的角色；總經理最後的協調裁決必須兼具理性與權威。

淚眼珥兒，外柔內剛

　　記得在多次會議中，各部門抗議珥兒拒絕一些要求，她需要護衛自己決斷的理由。每每在一群技術經理咄咄逼人的爭議下，舌戰無功，求好心切，落得眼紅淚流。通常會議上除了我和她，其他全是男性經理，一群男士竟都啞口無言，也許是不想背上欺負女人的名聲。我想珥兒絕對沒有要使用女人流淚的法寶，只是不經意就顯現出女人弱者的形象。

　　其實珥兒非常能幹，除了精通會計管理，在勝年的引導下，很快地對公司未來財務政策有了心得，勝年開始放手讓珥兒做來年預算

與長期財務規畫。珼兒在管理碩士學程中已經對合約管理有完整的概念，又在與合約經理的溝通中，很用心的學習吸收。她經常在會議中，站在行政長科蒂的一邊，對眾多經理解釋行政部門一些不討好的決策其困難與緣由。她對整個資訊系統的深入了解與應用，更是令人刮目相看。最後為了整個營運的方便，勝年決定除了財務會計，還把行政、人事、合約管理、電腦資訊等全部歸由珼兒管轄。

珼兒這愛哭的形象，令她很尷尬。我幾次在會議之後開導她，在情緒激動的情況下，很難把原有的邏輯，解說分析清楚；應該堅定而冷靜地闡述緣由，不讓情緒失控。漸漸地，她在會議上越來越能掌控議程，胸有成竹地陳述事情的來龍去脈，逐漸有了說服力。

堅定冷靜，展翼成蝶

珼兒在會議上，仍然用著很女性化輕聲細語的音調，但以堅定冷靜的態勢，娓娓敘述分析行政或財務各種決定的過程與緣由。即使有爭議，她也能理性辯論。眼看著一位年輕溫柔的女會計，彷彿幼蟲破繭，展翼成蝶，逐漸成熟穩健，成為有分析力、說服力的財務行政總監，與營運長同為勝年的左右手，公司第二號手握大權的領導人物，心中很是欣慰。

但是她在我們的退休晚會上，又哭了，她說，感激有這個成長的機會，從此不會再哭了。我在台下看著她感性但堅定的表情，會心地笑了。

穩紮穩打的接班人

憑著葛菲與他團隊務實的態度，
我們連續贏得幾個不同形式的合約
來完成一個環保署的工業污染地的長程整治專案。
這是一個長達15年以上的長期工程，
能贏得客戶這樣長期的信任絕不是件容易的事。

發展環境整治工業蓬勃的加州，
必須投資足夠的技術人員

大約二十多年前，經過幾番周旋，我得到一個機會，到舊金山附近的海軍管理處，向兩位採購經理簡報，展示公司的工程實力，首度步上發展加州業務之途。我帶了業務及技術兩位經理一起去，花了兩個多小時介紹公司豐厚的工程實績之後，才知道這整個採購部門即將被削減，然後移到聖地牙哥的海軍基地。雖然在業務推展的艱難路途中，這種徒勞無功的事也不是沒發生過，但是我們三人走出來，還是十分失望，覺得這趟旅程簡直是白費。接著我和另外一位經理飛去聖塔芭芭拉和勝年會合，要面試一位新人。既然發展加州市場是我們的既訂目標，就必須投資，準備好足夠的技術人員，才有機會慢慢打開知名度進入市場。

我們在加州第一位聘用的技術經理卡爾是個有博士學位的工程師。他身材高瘦，文質彬彬。雖然遠在加州一人奮戰，但與公司上下相處不錯。只是開拓新市場，並非易事，數年之內，市場業務部門和他共同努力，也只做到一些很小型的附屬工程，勉強能負擔一個助理，無法把加州的營運做大。

招募兩位環境污染整治專家

卡爾離開公司的前兩年，招募到兩位曾任石油公司技術主管的環境污染整治專家。他們在數年前石化工業萎靡之時轉行到環境整治界，具備土壤與地下水質的專業知識，對環境整治有深度的了解。那時他們在一家很小型的公司工作，小公司有財務上的限制，無法承擔大工程的風險與保證抵押的資金需求。為了發揮專業更上一層樓，兩人遂投效我們這個中型規模的公司。一開始專為一些大客戶處理土壤和水質的問題，逐漸地在加州中部為公司打開了一點知名度。幾年之後更爭取到環保署第九區一個大工業污染地的長程整治專案。

桀驁不馴、直言挑剔的葛菲

葛菲是這兩位新人中的一位。他那時四十歲不到，頭髮已經所剩不多。一開始在會議中不太發言，常帶著一臉愁容與桀驁不馴的表情，對任何討論內容都是先從悲觀負面的觀點開始想起；先把或許會發生的困難變數提出爭論一番，才將可能發生的正面結果引出。他的口頭禪是：「這下糟了，釘子釘在棺材上了。」總是杞人憂天。勝年常常批評我有這樣的傾向，而葛菲比我還嚴重。勝年認為，葛菲這樣過於謹慎小心的態度有時雖顯得退縮，但若將這有點負面的個性琢磨成勇敢而審慎，進而成長為對人、事、營運上的慎思遠見，應可成就將才。

我與他從未停止爭辯

葛菲總在會議上發表一些與他人相反的意見，公開挑剔公司的不是，對自己的意見絕不保留，有話直說。我和他在會議上經常見解不同，爭執不休。倒是勝年常和他私下溝通意見，久而久之，其實可以體會到他之所以挑剔、直言不諱，是因他求好心切、對工作熱愛、做事不遺餘力。逐漸地，勝年和他兩人的辯論爭執變成了商討；甚至漸漸的，他們的商討磨擦出公司前進的重要政策。有趣的是，每次會議之前，我依然豎起羽毛準備與他舌戰，我倆從未停止爭辯。

我和葛菲的不同見解幾乎都是有關公司的政策與程序，對他的專業與能力我是很有信心的。他做事謹慎，有時過於謹慎，總是擔心一些並沒有發生，也可能不會發生的事情。這點與我很像。這時候勝年就會採取樂觀的態度來鼓勵他。未雨綢繆總比過於自信、態度高調、文過飾非好多了。

穩紮實幹，樹立口碑

葛菲不是畢業於名校，沒有很高的學位，也不善於做市場業務發展，全憑靠口碑，在客戶中留下良好的聲譽。他在加州，尤其是在西岸的環保署名聲越來越響亮。直言不諱成了他個人的標誌。有些工程界人士對我說，若是有更多人像葛菲這樣直話直說、穩紮實幹就好了。

　　憑著葛菲與他團隊務實的態度，我們連續贏得不同形式的合約來完成一個環保署的大工業污染地的長程整治專案。從最初的方案預估、研究與選擇技術處理方式，到設計、建築整個處理廠，甚至維護、取樣、完成整治過程，是一個長達15年以上的長期工程。能贏得客戶這樣不可思議的信心絕不是件容易的事。

為公司建立團隊，培養人才

　　葛菲是土質學士，沒有碩、博士學位的他，專業深度全來自紮實的經驗。他對各種土質與水質處理的技術不但專精而且先進。葛菲在後來將近20年內，在加州從北到南，為公司建立了一個團隊，培養不少各種階層的環境整治人員，包括化學、生物、土木、環工、土質、水質、安全管理與品質管理等各方面的專家。葛菲以他的專業技術和嫻熟的營運，不但為公司在西部的環保署贏得了穩健的美名，更輔佐勝年管理其他各部門的運作。

爭議變商議，琢磨磋商，成就了潛移默化

　　勝年在過去的10多年與他的共事中，由爭議變成商議，在琢磨磋商中，成就了潛移默化。在長期的溝通中，深入了解，修正與指正他如何管理技術工作與技術人員，也有形無形的灌輸給他許多營運管理的理念與竅門。葛菲帶領他的團隊精誠相隨，與公司同步成長，處事管理越趨成熟。在我們退休前的10年中，勝年幾乎不再與我深談技術或營運管理的細節，葛菲變成他的左右手，只有公

司重大決策，才需要與我商議。我們退休前的兩、三年，葛菲已逐漸承擔起勝年30年來的經營重任。

在我們的退休晚會上，勝年告訴股東以及全體同仁，他可以放心地把公司重任交在能人的手上。我則不忘調侃他老在公司策略上與我不戰不休，但是我也沒有忘記感謝他在過去20年對公司不懈不怠的貢獻。

誰會想到，20年前那個總是意見相左、桀驁不馴，面帶愁容，凡事先從悲觀負面想起的人，竟成為接下重任的營運長。

衣帶漸寬終不悔

意外的官非

歐市的起落、營運得失有很多值得借鏡、反思。
一場離職風波，引發的官非，也令我深自沉痛。

安排新人本來就不是一件容易的事，尤其是有專長的新人。必須重視職位與職權的分派，以免與其他職位混淆，責任不清，甚至引起爭議。這在一家正在迅速發展的公司並不容易。因為很多職位兼有多種任務與職權，多一個新人加入執行相關的任務，易使現任者產生威脅感，而心生不悅甚至造成負面反應。

不該有後浪推前浪的擔憂

勝年多年領導公司主要幹部，最重要的一課就是，不停地教導同仁要跟我們一樣開明、開放，遇到有潛力可造之才，應該花些時間，給予機會，磨練他們。這樣公司的結構才能更強大，才有更多的幹才來承擔推動成長的重任。不需有後浪推前浪的擔憂，應該對自己有絕對的信心，對部屬有高度的信賴，如此才能提升自己更上一層樓。

勝年常在幹部會議上強調，公司的發展宛如一望無際的天空，無邊無界，絕對不能有負面的心態，怕被取代。只有提拔有潛力的部屬，自己與公司才會成長。當然在平行職位上，保持完全正面的競爭，而不附帶任何負面爭議，不是一件容易的事。嚴重的還會演變成權力鬥爭。所以勝年常常要花許多的精力紓解公司關鍵主管之間有形、無形的競爭。絕不能讓這壓力張大導致公司的動盪。這可

能是我們在這大起大落中所學到最重要的一課。當然從正面的角度
看，公司一定是具有相當的規模才會激起員工競爭的雄心。

　　身為一個組織的總負責人一定要有遠見，對未來要有一個可行
的構想，對營運也需有定見才能防範負面的衝擊。有時我們會為了
將就當前之需，把未來的計畫擱置一邊，先解決燃眉之急，而鑄成
遠憂。當機立斷，快刀斬亂麻，說來容易，執行卻是非常的困難。
歐市的失敗就是因為失去方寸，沒有及時做出應該做的決定。

錯置的經理

　　還有就是，人適其才。一個市場銷售經理，學歷高、口才好、
呈寫提案有經驗，但是從未帶兵領將、沒有財務管理的概念。授與
重任，管理有數十人岌岌可危的團隊就是一個錯誤。幾十位員工自
覺被別的部門排擠，以他為尊，對他有不切實際的期望。這樣的殊
寵使他自我膨脹，罔顧利潤中心收支平衡的要求。長期下來，虧損
越來越大開始吞噬其他部門的獲利，這樣不但對其他部門的員工不
公平，更進一步的想，一個公司不賺錢就不能持續，遲早會影響全
體員工。

解雇員工是件困難的事

　　即使有數十年的經驗，對我來說，解雇疏散員工仍然是件困難
的事。對一個沒有太多管理員工經驗的人，可能就更困難了。公司

領導人或經理，要從大處著眼，不能被少數人的個人情感牽制，拖滯公司的前進，或在財務上拖垮公司，導致更多人失業。

史查可能因為在歐市時與各部門對抗，後來在業務拓展上，與其他部門的相處並不融洽，雖經我們疏導，多少留下一些心結。這對一個領導人來說，因小失大，得不償失。

史查為公司打開了一些新客戶之門，包括一個陸軍工兵團堪薩斯管轄區的合約。可是兩年後第二階段工程的競標卻挫敗，理由竟是他手下一名提案專員呈交了一份錯誤的文件而被取消資格。另外他主導的一個空軍提案也沒成功。成敗雖是兵家常事，但對於一個領導提案的經理，應該也自覺臉上無光。史查不久之後就離開公司。

唯一對我公司誠信度有質疑的人

他在辭職之前，向我表示公司分配給他的紅利不公平，對公司的財務報表有所質疑。他是在我30年經營事業中，前無古人後無來者，唯一對我公司誠信度有質疑的人。從事聯邦工作的公司，會計財務系統必須受聯邦審核機構監督。尤其我們公司有許多國防合約，所以國防合約管理署，DCMA（Defense Contract Management Agency）和國防合約審查處DCAA（Defense Contract Audit Agency）有權隨時審查合約公司的會計與財務管理是否遵循政府所訂的法規。如果發現任何違規，若是無心之過，

則須限期修正；若是有意觸法，輕則罰款，暫停合約，重則摘除擔任聯邦合約公司的資格。我們這行奉此為圭臬，嚴謹遵守。

聯邦工作占我們業務的大宗，每年一度需要由第三方會計師作會計財務審核報交政府。每次呈交提案也都需要附上會計師的簽證報表。除此之外，如果有幸被選入第二階段的面試，這時客戶就會要求DCAA進行會計審核，來確定獲選公司有資格得到這個合約。這時只是基本審核。所以每次接到DCAA通知總是令人興奮，因為表示我們有機會參加面試。而若面試之後一段時間，DCAA又通知要做會計審查，那麼可能我們就是最後的贏家了。這時做的就是非常精準的會計財務審查。

公司每年數度向不同的聯邦客戶呈交提案，所以每年都有許多次的審核。可是史查剛到公司不久，就直截了當地問我，公司的財務報表是否有兩個版本？一本報給政府，一本是內帳。我對此非常驚訝，不知他對華裔商人的誤解是來自於報章雜誌、電影，還是一般華人對華裔商人的成見。我在文章中從來沒提起過任何人的種族膚色，因為這些對我都不重要。但是史查的心態，和對自己華裔同胞的看法令我痛心。他堅信華人都有兩本帳簿，對聯邦政府DCMA和DCAA審核的結果毫不尊重。

士可辱，格不可辱

我與來往多年的律師討論此事，律師說，我瞭解你的憤怒，但

他所要求的幾萬元紅利差異不是大數目,可以付他了事,不然他可能到仲裁法庭提告。律師與我們共事多年深深了解公司的營運,他說若到仲裁法庭,我們不可能輸,但耗時費事。律師笑著問,你是願意花幾萬元在他身上還是在我身上?士可辱,格不可辱。我正色告訴律師,必須讓史查知道,我公司的誠信度絕對比任何其他的公司都高,我要讓他知道他對我的公司,或其他華人公司的個人意見是錯的。

無謂的官非

果然史查不肯罷休,到仲裁法庭提告。法庭提出五位仲裁法官人選,有四位來自威州,一位來自外州。史查選擇了外州的法官,我們沒有異議,他可能認為外州法官不會偏袒威州公司。雙方各提出許多證明文件,在數小時的聽證過程中,史查一再的強調他對公司的功勞與他個人的學位經歷,至於過去幾年因虧損欠下的債務與稅款,他認為這是公司負責人的個人責任,不應影響公司的財務也不應與他的紅利有關。仲裁法官在幾天之後書面通知兩造,各自負擔法律費用,所要求的紅利賠償款項是零。

每一位資深幹部在任內,可能建立汗馬功勞,也可能犯下各種錯誤。但是通常也都發揮了他們該有的功能。公司前進三步後退兩步,希望前車之鑑能為後事之師,未來仍可繼續成長。

光鮮的背後

艾克，這個出身名校，口才便捷的領導人才，
把極度的榮譽感、成就感、
與受人愛戴的領導慾放在一切之上，
以致引起軒然大波…

公司在穩定中逐漸成長，東岸與西岸都建立了幾個據點。我們從一兩個辦公室逐漸擴展成10幾個，有時也為了短暫的專案而設立工程駐地臨時辦公室。

傑森離開公司後，有一位年輕的工程師艾克接任區域經理，掌管整個東海岸的營運。艾克曾是海軍軍官，他讀大學時同時也在海軍後備軍官團。海軍訓練這批軍官，允許他們自己通過一般申請程序，進大學就讀。艾克的專業科目是土木工程。他在有名的杜克大學得到學士學位，成為少尉軍官，然後又到史丹佛大學攻讀碩士。因為是海軍出資攻讀的學位，這些軍官需要完成一定年限的軍役。從海軍退伍後，由於他的傲人學歷，軍隊的領導統御訓練與對聯邦政府的工程知識，成為圈子裡被看好的一個新起之秀，極可造就的人才。

第一次看到艾克就對他有相當深刻的印象，挺直高瘦，口齒清晰，講話層次分明，並且果斷有決心。給人的印象是非常有組織力和領導力，後來證實，他的確有這些才能。

宛如卓然躍升的新星

在歐市衰退後，他和手下善後處理了歐市的未竟工程，另外又爭取到一些東岸的新專案，做得有聲有色。這位區域經理宛如卓然躍升的新星，引領著數個蓬勃的營運單位。他幾次到密市總部來見勝年，總是相談甚歡。論起在軍校所念的《孫子兵法》，兩人真是投緣。勝年有時和我商討公司的長遠大計，總會把艾克考慮進去。其實幾次在談話中，艾克也很直接地表達他的企圖心，希望有朝一日成為公司的接班人。我從來沒有正面的回答這個問題。他當然是一個有才幹的經理人才，但是公司同時也有其他有能力的功臣。那時我們正直壯年，沒有必要立刻指明接班人，公司還有許多成長的空間。我總是微笑的鼓勵他，繼續發展，他絕對是公司的核心幹部。

除了業主無人願意承受財務壓力

為了安定幾位能幹的功臣，我們想到把公司股份開放予幾位主要幹部，當然這也包括艾克。這時公司各部門的工程專案越做越大，標案保證的需求也就更多，保證公司需要的押金逐步墊高，這對我們這樣成長快速的工程公司來說，就形成一個極大的壓力。我們是業主，整個公司營運的財源或押金，全是由個人為公司擔保。當我們提出讓主要幹部擁有公司部分股份，同時希望他們能分擔壓力時，居然沒有一個願意來與我們共同承受這些財務的需求。這時才了解到，股東之名雖然吸引人，但是如果需要承擔財務的壓力，大家就猶豫不前了。

　　失望之餘我們打算走另一條路線，就是把公司開放給全公司的員工，在美國這叫ESOP（Employee Stock Ownership Plan）。但是這個方法也是困難重重，ESOP雖能以財團法人的身份借錢，但是擔保人仍然是我。這對解決標案保證的財產抵押並無幫助，反而引起保證公司更多的疑慮，因為保證公司看不到財源的增加反而要應付更多的股東。

　　在這樣的財務壓力下，公司所能承包的工程規模就不能超過我個人財力所能保證的範圍，所以我們做的工程侷限於中小型，只能慢慢成長，無法劇增。當然這也是一條穩當的成長之途。

　　公司在兩千年經歷了歐市頹敗之後，非常穩定的成長了多年，幹才多，工程種類廣泛，工作區域擴大。雖然也有標案保證的財務壓力，但是公司持續成長。在艾克的帶領下，東岸的營運很興旺，投標成功率極高，其他部門常以他們為典範。艾克很照顧手下員工，鼓勵他們利用公司提供的學費補助去完成更高的學位，也允許他們可以提早離開工地，開公司車去上課。

模範經理需索日增

　　有一次艾克要求為一位技術人員購買一台昂貴的機器，這位員工一時無法派到任何工地，如果有這台機器他或可去發展新的市場。艾克所經營的專案多有盈利，提出的市場計畫也似可行，先生和幾位幹部商討後也就同意了。沒想到市場開發完全不如預期，兩

年後艾克沒有事先通知公司主管，逕自把這台機器賤價轉賣給次包商。而且，他開始要求自聘會計人員，要求公司給工地人員，甚至行政助理提供車輛。雖都在財務總監的堅持下被否決了，但財務部門對他無止境的要求窮於應付，經常向勝年抱怨。但那時，不但是勝年，其他幾位主管都對他寵信有加。

逐漸露出缺綻

漸漸，勝年注意到，艾克手下的幾個新專案，工作才剛起步，預算已用去大半。與他商討時，總是滔滔不絕，說出許多道理讓人信服。接著又觀察到，艾克護短的習性非常嚴重。他的員工若無法在預定期限內完成工作，他就把這些人員的時間放在接著的新計畫預算中，因此他正在進行的專案，財務報表永遠顯出有盈利。他與他的員工絕不承認工程上有困難，無法趕上預期的進度，工作有誤，或其他各種錯誤等等。

艾克每次都在投標限期的最後很短的時間內，才把整個文件電傳給合約部經理，和財務部經理。合約部和財務部都無法仔細審核投標文件，只好約略看過就送出，更遑論應由另一位技術經理複查。但因為他投標成功率極高，大家也就不說話了。

為了成功搶標走險招

後來勝年堅持艾克一定要遵從公司的投標程序，任何文件和報

182

價一定要通過複查與細審才能送出，這才發現他有時會遺漏一些項目。在海岸保護那個專案中，我們的價錢比其他公司低了20%，因而得標。事實上，艾克和他的手下經理選擇了一個風險很高的設計，施工與材料運輸的方式雖有創意，實際困難重重，可行度非常低。不得已，我和其他專案經理、合約經理，反覆研究，與客戶溝通無數次，幾乎要上法庭，才找出解套方法。經過三四年的掙扎，另派其他專案人員接手，修改設計和施工方案，才勉力完成這個棘手的工程。

艾克為了成功搶標，不惜採用高風險的施工方式，雖然得標容易，且紙面上的利潤也高，但是只要一點小差錯，失敗率就非常高。他把極度的榮譽感、成就感、與受人愛戴的領導慾放在一切之上，這不是一個主導工程的經理該有的心態。他的理念是，絕不能輸，至於公司承擔的風險並不在他的考慮之內。在幹部會議上，這些問題被提出討論，艾克總是輕描淡寫。他在閒談時，倒是輕鬆的開玩笑說，如果公司賠錢而導致資產價值降低，倒也不是壞事，這樣他可以極少的代價頂下公司從低谷做起。他的這些玩笑話，當時令人錯愕，事後不得不深思是否他真的居心叵測。

在艾克離開公司的前後幾年，他所得標的專案，幾乎每件都用風險大且施工難度高的方式，我們不得不另外指派經理接手，另謀設計或施工的方式，以至於每件專案幾乎都在賠錢的狀態下完成。

所幸公司其他部門尚能蓬勃成長。尤其西岸的經營紮實而穩

定，在幾位土質和水質專家的帶領下，不但打開環保署的市場，且贏得了卓越實幹的名聲。

　　幾十年的經營生涯，在讀人閱事無數的經驗中，我學到了耐心審視、洞察細思，不能立下斷語。因為在學經優越，滔辯雄才那光鮮的背後，很難分辨是真正能發光的潛力？還是暗藏的敗絮？

淺談族裔、學位、人才流失

從適才，尋高薪到轉行的問題上，
看出年輕人都會經過一段迂迴的路途，
才能找到真正適合自己的職涯。
而在自由企業裡，想爬上金字塔的上端，
除了需要企圖心和不斷突顯在業界與公司所能貢獻的程度，
種族膚色或學位高低是否有直接關聯？
而公司的經營者如何才能避免人才流失，
也是一門需要努力的課題。

以偏概全　自限人才

我年輕時認識一位自行創業的華人朋友，他說他絕不聘用印度人，因為他們太圓滑鑽營。我當時就甚不以為然，如果以偏概全地摒除一個種族，這樣不是就太自限人才資源了嗎？在我經營公司幾十年中，聘用過不少印度裔工程師及科學家。在三、四十年前，當時他們跟我們的背景很相似，都是大學畢業以後到美國留學。他們有英文的優勢，言行比較西化，所以容易融入主流，在任何類型的公司競爭都較有利。我與所聘用的印度裔員工都有過很好的工作經驗。其實在聘用任何人員時，族裔膚色從來都不在考慮範圍之內。

華人尊崇高學位

我們也前後聘用過幾位華裔專業人員，而且幾乎全是博士。

華人多願意花數年時間，經過重重研究與考試的難關去獲取博士學位。這可能與一般華人家庭、社會十分尊崇最高學位有關。當年勝年放棄博士班去就業，我們自己只是稍覺可惜，但是留給家人父母不少遺憾。直到進入美國社會，才了解一般人對博士的尊崇是侷限於他們在某些專精學域裡的成就或見解。實際上在一個公司或組織裡，能夠成就在金字塔上端的位置，完全取決於此人對這個組織的實際貢獻，與本身在這個組織的價值，學位的高低幾乎與在公司的階級無關。

公司有位擁有博士學位的女性華裔水利工程師。她在該部門以及當地工程界工作不少年，人頭很熟。當她的部門經理出缺時，因為有學長、學妹的關係，先生特別詢問並鼓勵她去爭取經理一職。她的回答大概也代表了一般專業人員的心態。她說，在以往服務過的公司，看多了各階層經理物換星移。沒幾年只要績效不顯，馬上走馬換將。雖然當經理職權高薪水厚，她還是喜歡做最專長的工作，穩定愉快，只負責做自己的工作，壓力不大。

在記憶中尼克安可能是唯一沒有博士學位的華裔專業人員。他在一個小工程部門做設計工作。這個小部門成長很慢，他的位置可有可無。但他有居留權的問題，那時大陸許多訪問學生都希望留下來。想到能夠幫助一個華人過他和家人嚮往的美國自由生活，也就留下那個職位給他。他直到取得居留卡才離開。

不習慣華人社會部屬對上司的尊稱禮遇

尼克安是一個溫和有禮的人，每次見到我們，就像在華人社會一樣，必恭必敬的稱呼董事長或總經理。我還要糾正他，不用客氣叫我名字就好了。有時想來也有趣，在美國當老闆這麼多年，員工數百，沒有習慣員工倒茶送水，開房門、車門、拉椅子就坐，或被尊稱董事長。回台時，看到同學高居經理，局、處長，處處被禮遇，倒還不太習慣呢。

印度裔員工，雖有貢獻，但多轉行

公司第一個負責提案準備的是一位年輕的印度工程師馬西許。當時公司剛起步不久，我們三人小組：勝年、我和馬西許撐起市場和提案部門。組織雖小，勝算比例也差強人意。馬西許吃奶素，身材不高有點胖，才30出頭居然膽固醇高達300以上。我常勸他多運動、小心身體。他像很多年輕人一樣，有時愛輕狂吹牛，我就會引導他，山外有山，人上有人，年輕人要心胸寬、眼光遠。相處久了，耳濡目染，他漸趨成熟，變得謙和多了，也極願幫助其他同事。公司逐漸成長，可以擔任撰寫提案的人才也多了，馬西許開始參與一些專案工作的管理，希望除了撰寫提案之外，有機會擔任專案經理。在歐市營運頹敗以後，公司有一兩年營運困難。馬西許常對我說，我真佩服你們的堅持，這麼困難的情況下，還繼續養這麼多的員工；他說他是不會走上這樣的生意之途，不是很多人可以堅強到足以承受這種壓力。

工程業不敵資訊、財經業高薪

馬西許很聰明，在那時期，電腦的應用發展越來越普遍，他自學的電腦程式編寫是他另外一項才能。在公司服務八年後，他決定搬到西部，轉行成為他認為前途較好而且待遇較高的電腦軟體工程師。

馬西許是我們這土木、環境工程界人才流失的一個典型例子。在大學裡，傳統工程或科學並不是很容易的學科，除了一般性的課程外還要專長數理才行。而畢業以後，起薪卻比其他行業低。比方說財務管理、電腦技術、律師或醫生等等。所以很多學工程或科學的專業人員，最後轉行從事其他薪水相對高的職業。

當時連續幾年有幾位年輕工程師，重回學校去念財務管理碩士，然後進入華爾街炒股票或到其他業界從事財務管理。可惜我們這傳統工程界，因薪水較低，很難留住人才。當然這與某一個族群的精明鑽營無關，因為轉行換業去謀求高薪，改善生活，是許多人的願望。但也曾有數位印度裔在公司服務多年，甚至職位高達工地主任。我相信這些聰明能幹，接受過四年、五年工程訓練的專業人員，轉行到財務、律師、醫師也都會事業有成。

瑞谷，這個唯一在公司留存而且服務了20幾年的印度裔工程師，現已升為一個子公司的副總。他家世背景極好，從曾祖父世代相傳就在孟買經營珠寶生意。印度的家人看他竟然沒有傭人、管家

做飯，直嘆美國真是求生不易。其實他和我們一樣，覺得在美國從事工程比在本國有發展，對小孩的學業前途也較有利。他帶領的小部門時上時下，雖算平穩也無大成，並不出色，幾次先生在幹部會議上討論他這小部門的前途去留。由於我和他在環保署的合約上一起奮鬥了許多年，了解他的困難，總是為他據理力爭。瑞谷也就在公司起起伏伏中，貢獻著功勞、苦勞至今。

小公司難逃的厄運

　　公司也曾經有過一位非洲裔的部門經理瑞克。瑞克在密市工程界裡，曾經也是紅人。在工程界非洲裔的工程師不多，有領導才幹的就更難得了。瑞克很年輕時就在 H 這個大公司嶄露頭角。後來又進入大機構當上主管。數年後像許多對自己期許很高的年輕人一樣自組公司。他的公司曾經有二、三十人的規模，擁有一棟小型辦公樓房。結果不知是否因為擴張太快，營運不利，積欠稅款，公司開始退縮，最後只剩四、五人，辦公樓房也賣掉還債。因為我們認識多年，互存信任，他在最困難時來找我。我們接收了他剩餘的人員與工作，把瑞克併入一個小型的部門，成為部門經理。瑞克和他的公司是一個典型小公司的起與落。創業與營運永遠是一段艱難的路程。除了市場開發，提案成敗，人事流動，工程與合約的完成，更要兢兢業業地處理財務稅務問題。

　　瑞克在公司服務了幾年之後換到一個半公家機關工作。他告訴我，在自己做生意時所經歷的煎熬有如惡夢，使他老得太快。當

了部門經理還是要承擔市場開發、提案的成敗、用人撤人等的各種壓力。他自覺精疲力竭，決定在退休前找個輕鬆差事，不想再奮鬥了。其實我很了解他的心情，我何嘗不也有過這種想法。只是很幸運，我有一個很堅強能幹的支柱。勝年和我多少次在最困難的谷底，互相鼓勵，在幾乎沒有退路的掙扎中，相互勉勵找出生機。

芳絲的Me Too訴訟

這件訴訟程序長達數年，經過多次的聽證，
檢視了無數文件。雖然後來證實的結果不甚相同，
但在這多年訴訟的紛擾中，學會了審查受害者的心思…

公司由小漸長，各種人事管理個案，看事情大小，我有些直接或間接參與，有些直到解決之後才有所聽聞。有幾個案例，非常棘手，記憶深刻，值得一提。

客戶推薦嬌美活潑的芳絲

公司東南部辦公室剛起步不久，需要一位經理開拓業務並管理已有的專案，正好一家客戶的經理克拉推薦芳絲給我們。她的履歷顯示她有化工學位，但完全沒有專案、技術或人事管理的經驗。克拉介紹時強調她在當地頗有人緣，當可幫助業務發展。經過面試，果然覺得她活潑聰明，外型亮麗，聲音嬌美；也感覺她在當地的人脈關係很好。雖是化工背景但一直都是從事開發市場或協助專案，這倒也適合做業務。可是我們更需要一位有專業管理經驗的經理，所以我有所猶豫沒有立刻做決定聘用她。

不久這客戶在預算中撥出一部分來做一個小型專案，需要一個有專業背景的人員來做市場調查與預測，一週只需要工作約二十小時。當時覺得這樣一個小案子很適合讓芳絲參與，其餘的時間還可以發展我們公司的市場業務。我則另外聘請了一位經理管理正在進行的專案和當地辦公室。這樣的安排，似乎也很妥當。

191

與克拉私交甚篤

我有時去探視這個辦公室，常有機會與經理員工聚餐。芳絲卻經常無法參加，理由都是因為有客戶克拉的活動。有一次去探訪，正好趕上與他們一起看球賽，我看出芳絲與克拉以及他的幾位手下員工相處愉快，關係極好。有一天我打電話去，助理說芳絲和克拉去午餐了，還說克拉送了一束鮮花因為今天是芳絲的生日。當我和辦公室經理提起這極好的關係時，我們都覺得芳絲很會交際，但是希望她能把交際範圍擴展到更大的客戶圈，才能幫助多元化的成長。

芳絲在當地雖有一些人脈，但一段時間以後並無更大的作為。雖然帶進一些提案的機會，其實都是由克拉而來。贏輸還得由提案委員會決定，其他並沒有擴大客戶群，或是增加呈交提案的機會。

業務拓展有限

有次去參加佛州的一個大型展示會，芳絲早兩天就到，先和男友到處遊覽。那之後公司也常給芳絲機會去各地參加大型展示會，希望能打開更多的市場。我們慢慢覺察到她熟悉的市場僅侷限在她辦公室的地區之內。要打開某一個特定的市場是需要多年深耕，熟悉某個特殊客戶或市場的來龍去脈，客戶預期的經費，市場的走勢與政府預算的關係，以及勝算的概率。這絕不是蜻蜓點水似的參與各地展示會就可立即有成。

　　芳絲常常參加全國展示會或商談會，自己逐漸了解要利用這些來擴大人脈是需要長時間的經營，無法一蹴而成。她自忖沒有這份耐心和努力奮鬥的決心，因此希望能轉做其他合約或專案經理的工作，表示自己有化工專業學位，應該可勝任。出人意外的，她還要求不要與這位介紹她來的經理克拉接觸。

　　當合約或專案經理是需要多年參與工作，累積許多實際經驗，有時還不見得能夠勝任得當，因為任何一個經理都要處理許多不同方面的事，例如技術人員的調派、工程進度的安排、專案技術的了解、財務盈虧的管理、合約規定的熟悉，還需要洞悉客戶的需求與心理，並不是一個只做市場開發而從未參與過技術的人可以立刻勝任的。

請求調職卻難獨當一面

　　勝年和我與幾位幹部商量是否有機會把比較小型、不是很有特殊技術的專案交給芳絲嘗試管理，幾乎沒人同意。主要是她沒有任何專案管理的經驗，讓她獨當一面實在太冒險了。而她當時進公司，是由於那位客戶提出的專案需求，獲享資深經理的薪水等級。公司不可能用一個這樣高薪的經理，而還需要其他的經理訓練輔佐她。我只好告訴芳絲一時無法調動，還得想想其他機會。

以性騷擾提告大客戶兼告自己公司

　　這之後有一天，芳絲打電話告訴勝年，她想從業務工作調到

管理工作，而且不想再和這家客戶有聯絡。她這意願已經和我提過幾次，我一直沒有機會去了解情況，採取行動。她說克拉意圖追求她，但她另有男友，對克拉並無興趣，這樣的關係令她無法再擔當與這家客戶有關的業務。勝年正準備詢問當地經理來了解情況處理這件事情，芳絲已用公司不肯幫忙為理由，聘請律師向員工平等待遇委員會提起性騷擾訴訟。芳絲對勝年輾轉表示，知道我們公司規模小，不可能負擔太大的訴訟賠款，目標其實是客戶的大公司。示意公司不需要有太激烈的反應，因為我們不是主要目標。

追求變成騷擾

勝年和我與辦公室經理討論之後，把一些片段發生的事件連接起來，大家也就心裡有數。克拉和芳絲認識，幫她在我們公司找到這個業務經理的工作，介紹了幾個提案的機會，有贏有輸，也算幫了她忙。兩人社交開始頻繁，參加許多公開的活動，她有時也參加克拉私人家庭聚會。那時候克拉正提出離婚，而芳絲本是離婚單身。只是克拉離婚之後，她已另結男友。克拉一時無法煞車，追求變成騷擾。她要求公司調至其他位置，但因專長與高薪的限制，公司無法立即做出行動。她也許和男友商量過，知道客戶公司很大，每年應有不少為訴訟準備的預算。於是動念聘請律師控告客戶的經理性騷擾，也告我們公司不肯做出行動，幫她脫離惡劣的工作環境，並向兩家公司提出賠償要求。因為要求的賠償金額巨大，所以事先通知我們要有心理準備。

纏訟數年得不償失

這件訴訟程序長達數年，舉行多次的聽證會，檢閱無數文件。芳絲在庭上淚述被騷擾，但助理與克拉屬下的證詞卻截然不同。沒有證人聽聞過她的抱怨，或出於無奈被迫參加與克拉有關的活動，包括球賽、共餐、聚會。大家都只記得她愉快地接受鮮花，在一起時笑聲不斷，相處愉快，並且有人示出一張她給克拉的卡片署名為「love,芳絲」。數年之後沒有結論，庭外和解，申訴者沒有如所料的得到巨額賠償，只拿到微小數目的形式補償，不知是否足夠支付她所花的律師費。

當公司逐漸成熟，各種政策也漸臻完備。對這種很敏感的性騷擾事件，公司人事部門馬上就會依照公司政策，速戰速決，深入調查事情端倪，確認屬實，立即採取警告、調動、甚至解聘等等措施。雖然至今，我並不覺得當年這件事處理不當，但那時公司小不成熟，沒有敏銳快速地採取行動，否則就可以省去這多年訴訟的紛擾，的確是不經一事不長一智。

從這事件，也學會慎查在嬌柔受害形象的背後，是否存有貪掠的心思？

（本文原刊登於聯合報繽紛版文題為：「芳絲的訴訟」）

天使與魔鬼

老闆與員工之間，一旦面臨遣散，就是人性最大的考驗；
而在人事聘用上，你永遠無法憑溫和有禮的外表判斷一個人，
很難想像後來會造成工作上極大的困擾。

能操作許多輕重機械的歐康

歐康是東岸一個工地的技術人員。當勝年將艾克從西岸調往東
岸另起據點時，正好在附近的一個工地主任離職，艾克就兼掌主任
一職，成了歐康的老闆。歐康和我並沒有過直接的接觸，但我知道
他能操作許多輕重機械，對土壤水質採樣有經驗。新選的辦公室地
點離這工地有一個多小時，艾克除了負責這個工地，也要發展其他
的業務，所以歐康在這個工地上也算是半個負責人。我們在這個工
地上工作了許多年，屢屢重複得標，除了完成了原先所承包的環境
整治工程，並連續在這裡做偵測整治結果的取樣與改善工作，以及
一些維護工程。

一開始的幾年，艾克進展順利，打下幾個工地據點做基礎，冀
望由這些據點再延伸發展。為應工程需求，人員增加不少。這是一
個循環作用，人員越多就更需要頻繁的呈交提案來贏取新的、大的
合約，才足以維持這個越來越龐大的組織。由於艾克的雄心，成功
率很高，雖然是很榮耀但也是無形的壓力。在這樣有形與無形的壓
力下，艾克和他的手下幹部馬不停蹄地開拓市場，呈交提案，持續
擴張。

由於艾克的投標成功率極高，公司高層開始注意他投標的程序。

經過詳細的審查發現艾克大多沒有準備充分就匆忙送標，高金額的標案也常常自作主張。為了得標，不惜採取高風險施工法，甚至壓低價錢，完全不考慮施工困難可能會造成技術與財務的窘境。等到開始執行這些得標案時，投標時的疏忽與欠缺考慮，一顯無遺，幾乎每個專案計畫都在賠錢的狀態下完成。勝年開始要求嚴格審閱艾克送出的提案。

已得標的專案，若難度太高風險太大，合約部門需找尋可行之途，與客戶重新商議改用其他設計來完成。後來幾年，公司幾乎都需要重組工作團隊，合併不同部門的人員來完成艾克所得標的工作。

致電親自慰留

我們在歐康工作的工地，在一次大工程投標失敗後，艾克拜託我親自打個電話給歐康留住他，希望他到別的工地繼續替公司服務。在這之前我在公司的年會上見過歐康一次，他代表艾克的部門領取工地安全獎，記得我還鼓勵他繼續努力。應艾克的要求，我打了電話給歐康，感謝他過去的服務並希望他繼續努力為公司效力。

後來艾克在東岸的營運幾乎停頓。公司對他的提案需要檢查又

複審，才能呈交。他得標的工作，幾乎都需勝年和葛菲參與，重組工作團隊。這時在西岸營運穩當的葛菲開始發揮出他多層面的營運才能與幹勁。在艾克離職之後，不少東岸人員也相繼離開。這時我參與解決一宗艾克留下的棘手工程專案。合約經理辛蒂、葛菲和我密集開會，希望能在合約上尋求解套，合理修改、降低風險、務實可行。葛菲參與了東岸的營運，使他更明確的成為先生的左右手。

工程停頓，全力處理棘手工程專案

不久公司又聘請一位資深經理史蒂夫。史蒂夫雖然是技術專業人員，但他更專長於培養及維持與客戶的關係。聘用他的原意，當然是為了長遠未來的發展，但是當務之急是要解決東岸艾克所留下的一些有問題的專案工作，並且需要重新修復與許多客戶在工作進行中所產生的摩擦。葛菲在這場東岸的波折變動中，展現出他與公司共同擔當起解決問題的決心與意願，即使這是別人留下來的爛帳。勝年和我逐漸把對他的信任轉成信賴。葛菲一步步走上整個公司營運的舞台。

幾年之內，在史蒂夫的輔佐領導下，公司的技術營運部門逐一解決了全部艾克留下的問題專案。那時東岸存留的技術人員寥寥無幾，包括兩位資深工地人員與歐康。

公司的專長主要是探測、檢驗、評估，與不同階段的計畫與設計。實際的建築工程，也就是歐康與另一位叫大衛的技術人員專長

的工作項目並不多。公司一度考慮把大衛與歐康調往西岸。但西岸的工作大部分都是與設計有關，幾番研究，也實在沒有適合的工作給他們。

在東岸最後一兩年的營運中，艾克所有專案的財務報表幾乎都是赤字。所剩的工地工作進度緩慢，時進時停，工作人員幾乎都無法把工時報在專案上，只好由總公司負擔他們的薪水及開銷。

雖說很幸運地，公司其他部門都蓬勃興旺，但是東岸的問題一定要速戰速決。

其實全部東岸的員工也都十分明白，公司遲早會結束整個東岸營運。所以當史蒂夫解散東部剩餘人員時，沒人覺得意外，除了歐康。

資深員工不甘被遣散

在最後一、兩年，人事室和會計師數度更正歐康的工時報表，因為很多時候他並不在工地，只是在家等待，或甚至是國定假日，卻繼續把工時報在他所做的專案上。歐康開始在電話上發脾氣，說他是公司的資深員工，沒人有資格教他怎麼報工時表。史蒂夫也了解這兩位資深工地人員是公司的老員工，所以他們二人連同從其他部門調過來的兩位工地人員是最後被遣散的。史蒂夫並沒有特別通知我或勝年，直到人事室告知歐康提起年齡歧視的訴訟。歐康引用

我打私人電話挽留他為由，表示他擁有公司長久的員工資歷，要求賠償數年薪水。

　　我對於遣散這些資深員工當然深感歉意，但是公司也是出於無奈。其實許多專長建築的公司，工地技術人員季節性的聘用遣散是常態，只是我們以工程設計為主，總想盡量維持技術人員的長久性。在這最後一兩年工作進度緩慢，東部生意非常清淡的情況之下，公司的確有做最大的努力，支撐他們的開銷薪水並正常營運一段時間。

律師兒子代表提起年齡歧視的訴訟

　　歐康的訴訟，由他的律師兒子代表。我們知道他的勝算不高，因為我們遣散的人員老少都有，與年齡無關，他自己應該也明白。我和史蒂夫夥同律師出庭聽證。

　　之後他的律師兒子要求數位主要部門幹部飛去佛州聽證，實在耗時耗力。最後雙方商討後，我們同意，付給一個比原先遣散費高些的金額和解了事。有時想到會與一位不錯的長期員工有這樣的結束，頗感遺憾。聽說歐康後來又在東岸其他公司工作多年，希望他好運。

　　在那之前，歐市辦公室也出了一個麻煩的人事問題。歐市辦公室成立初期，我們公司贏得了一個工兵團的IDIQ合約。之後雖然做了不少業務拜訪，但是很失望的一直沒有辦法找到適合我們提供

服務的工程專案。這時勝年接到一個工兵團合約代表的電話，他說在喬治亞州南邊有個工地需要一個已有合約的公司完成幾個工程專案。並說這位工地的負責人認識一位對情況很熟的專業人員，我們可面試談談，也許可以聘來領導這個專案。

曾行腳台灣的羅傑

所以勝年就去拜訪這位客戶的工地主任羅傑，見面相談愉快。羅傑與先生的專業背景十分相像。更有趣的是，他年輕時曾經背著背包獨自行腳南台灣，與台灣的原住民有過接觸，覺得他們非常友善，晚上在原住民家中過夜，他們竟把房間讓給他住而自己睡露天。當時覺得羅傑很親切。後來又面試了羅傑介紹的土質學家藍斯，他經驗不錯，但是對該工地並不熟悉，只是和羅傑有些交情。考慮之後，因為也沒有比他更好的人選，所以就聘用了他。

脾氣暴躁的藍斯

工程進行了一段時間，人事室報告，藍斯脾氣暴躁，事情不如意，就會大聲喝斥員工，摔門摔東西。我們很難想像他的這些行為。總部人員與他接觸，他都非常溫和有禮，工作開始了幾個月，一切似乎也在合理的進行，實在看不出任何異樣。有天勝年接到電話，只聽到摔東西、摔門和吼叫的聲音，然後那端合約經理馬克才說，這下你相信了吧。藍斯只要有人與他意見不合，就是這樣發脾氣。助理也說，曾看過他的太太，永遠都是怯生生的，可能藍斯在

家也是這樣。馬克告訴勝年，藍斯並不依照合約上的項目做事，羅傑主任要求的就逕自做了。照理說如果要改變計畫或工作項目，應該經過合約經理與客戶的合約代表彼此同意，白紙黑字，才能做工作上的變動，不能任由客戶工地代表與我們的專案經理私下改變。

那時公司不大，勝年就是那個合約的總工程師和代表，所以就與藍斯溝通這合約執行的理念。然而藍斯依然故我，他周圍的人照常抱怨，馬克和他也經常口角。

不久之後，我們接到通知，羅傑要求會見公司的董事長。客戶的工地主任繞過了專案經理，合約經理，總合約代表/總工程師，直接找上董事長，這是很少見的，顯然來者不善。

記得我去的那天，早上天氣晴朗。我先飛到亞特蘭大，然後轉雙引擎小飛機飛到喬治亞州南端的工地。這並不是我第一次飛這樣雙引擎的小飛機，以前大多是晚上，視野並不好。但這次是早上十點多，低空飛行，置身在晴空萬里，藍天白雲中，低頭就是一片南方的田園風光，房屋公路，教堂房舍，似乎一觸可及。一時之間被這一片藍天綠地相連的鄉野風光震懾住了，忘卻馬上就要面對一位難纏的客戶。

天使魔鬼毫無交集

飛機到達後，坐上我們在工地的公務車，工地人員大衛一路上

述說工地的情況。與我所了解的也差不多，客戶是專案的領導，對工程專業很有了解，但是對合約的概念不深。合約上所註明的計畫與項目，對他來講隨時可更改，而我們的藍斯竟也唯他是從。不出所料，在與羅傑商談的數小時中，他無數次提及，他很了解任何大小公司都以獲利為主，他所要做的事情也沒有違反這獲利的原則。我向他解釋，依照合約執行工作是必要的，這與任何公司的利潤並無關係，但是他固執不聽我說、不可理喻，毫無交集。許多年過去不太記得內容，但特別記得他用宗教舉例，提了幾句天使魔鬼之說。我想，他認為不給他方便就是唯利是圖，就是魔鬼，而順從的藍斯就是他的天使吧。

去時風和日麗，回程狂風暴雨

回程天氣轉壞，到達亞特蘭大轉機時，因小飛機誤點，我在機場走道狂奔，最後一個趕上那班飛往密市的飛機，機門隨即就在我的背後砰一聲關上。一起飛，機長就說前面天氣不好，氣流很強，飛機可能會震動。鄰座一個可愛的小女孩，很興奮地告訴我他們全家剛度假回來，後座的媽媽頻頻叮嚀她把安全帶扣好。果然飛機起飛後晃動越來越強烈，小女孩抓著我的手一直問：「我們會死嗎？」 我心裡雖然也害怕，還能一直安慰她：「不會的，一會就好了。」五十分鐘後飛機在進入印第安納州之後，才平穩下來。

會談以後，事情當然沒有改善。勝年正思索如何處置藍斯與這個專案，藍斯辭職投靠我們的競爭者去了，這個公司不明就裡的聘

用了他，大概以為藍斯會把我們的幾個專案帶過去。我們倒是鬆一口氣，這個燙手的山芋轉到別人手上。不到半年，聽說藍斯被解聘了，並隨即提起訴訟與這家公司對簿公堂。

經營公司多年，直接間接處理人事無數。學到的經驗是，對事件的表面所見，不能就下斷言。任何事與人可以從不同角度做不同的註解，絕不能直言論斷。

直到今日，那一整天的際遇在我腦裡，都很鮮活。早上萬里晴空，腳下連綿不斷的公路小丘，綠野房舍，教堂頂上的十字架好像觸手可及。回程時狂風暴雨，飛機在空中翻騰，小女孩驚慌哽咽；早晚天氣詭異銳變。與客戶的僵硬對話中，他用宗教裡的天使魔鬼來辨別順他與逆他的人與事；在這世上，到底誰是天使？誰是魔鬼呢？

（本文原刊登於聯合報繽紛版文題為：「天使與魔鬼」）

棘手人事

一個人做事，如果只對自己，和自己所做的工作負責，
許多事情可以隨心而行。但是一個負責任的領導人，
在每個裁決時刻，須有前瞻又深遠的思慮，
做出對最多人、最長遠、最有利的決定。

　　西岸一個辦公室有位員工安妮，原先是行政助理。那辦公室逐年成長，專案業務繁忙，安妮被調去幫忙專案經理，準備一些文件，財務報表及其他瑣事。大家知道她是單親，有時很情緒化，遲到早退並不苛責，只要能把事情做好，經理也就遷就了。

手腕疼痛的安妮

　　有一次安妮抱怨手腕手肘痛，這是長期使用電腦很常容易引起的病徵。她用公司的健康保險去看了醫生。因為辦公室的桌椅設計完全符合安全規定，醫生建議先暫停使用電腦，但要徹底解決這肌肉疼痛最好還是開刀。有員工開刀解決這種問題，都很有效。但是安妮拒絕開刀。所以她就去見勞工理賠處的醫生尋求不開刀的治療方法。醫生簽准安妮留在家中休養一段時間不必上班，而且還可以得到勞工理賠處的補償。記得那時正是暑假，所以她也順勢留在家中照顧孩子。過些時間，勞工理賠處仍建議開刀，因為補償是暫時性的，長久之計仍是開刀，一勞永逸，方可回來任職。但安妮堅持拒絕開刀。每次因為不能續領勞工賠償，一回來工作，就變得很情緒化，哭哭啼啼。最後申請由勞工賠償程序來處理，付予一筆款項，但是必須回來正常上班。這抱怨的情況也就暫時安靜下來。

賠償金VS.開刀

過了一年多，安妮又有疼痛的跡象，這次從手肘轉到上臂膀。醫生仍建議最好的方式是開刀，安妮還是不肯，結果又報到了勞工理賠處。這次也是讓她領取保險金在家休養。保險給付到期，回來上班，就固態復萌，抱怨疼痛鬧情緒。勞工理賠處建議開刀再次被拒絕後，安妮接受了一筆比上次更高的賠償，停止抱怨回來工作。

公司許多人都經歷過因長期使用電腦而引起肌肉疼痛的現象。大部分員工經過醫生指示，服用消炎止痛藥物，或用繃帶纏繞護手提供手腕手肘的支撐力，或開刀休息後也就解決了這疼痛的困擾。也有員工沒有開刀，經短暫休息後可以恢復上班。但是安妮卻是一個特例，希望她拿到的補償費真的可以減低或停止疼痛。公司人事管理的政策，是基於情與理，期望在了解與同情的前題下，做到合理的處理。勞工理賠處政策應該也如是。

另一樁牽涉到醫療的人事問題也是頗棘手。

在工地跌傷的羅比

公司在中西部的辦公室標到一些建築工作，因此聘用了幾位工地人員。其中一位員工羅比才上班兩個禮拜就在工地滑了一跤。原說在家休息幾天就可以回來上班，結果看了醫生照了X光之後，才發現情形不對。原來羅比已得肺癌許久，曾經治療，尚可控制，所以才來工作。既然已經聘用了他，而且公司有健康保險，循健保去

治療肺癌即可。這件事應該也不是什麼需要特別處理的人事問題。

但是過了一兩個禮拜，羅比忽然根據勞工賠償法要求巨額賠償。原因是在肩骨上有個裂痕，他堅稱是因為那一跤導致的。他的醫生說詞不置可否，也就是說可能是也可能不是由於滑跤導致這傷口。由於所要求的賠償金額太大，勞工理賠處乃要求另請專門醫生診斷決定。診斷的結果確認這是許多年留下的舊傷，不是因為滑了一跤導致的傷口。羅比不服這項決定，聘請勞工律師根據勞工補償法申訴賠償。

幫女兒買新房

在這其間，公司有員工碰見羅比在健身房運動，並不像肩骨摔傷無法工作的人，肺癌似乎完全控制住了，而且還很高興地告訴朋友，他很快可以拿到一筆很大的款項，經濟馬上可以改善，女兒出嫁時沒有嫁妝，現在可以幫助女兒買新房了。

我並沒有參與處理這件事情，人事部門也只是協同勞工理賠處的人員依法處理。由於羅比是少數民族，事件變得比較複雜。直到我們退休，仍無結果。

一個在美國工作一輩子，依法繳納醫療和社會保險金的人，退休後當可得到適當的保障，維持基本的生活所需。但如想要有比較豐裕的存款，在職時應每月拿出一些收入存入退休基金，政府和雇主都有不同形式的鼓勵和補助。但是近幾十年來，美國某些工業流

入很多開發中國家，工人不是失業就是暫時性或是季節性地失去固定的收入。要想有一筆可觀的錢過較富裕的生活或是資助子女成家購屋是有困難的。若羅比利用意外摔傷腿，想用肩上舊傷，領取一大筆賠償金來幫女兒購屋，是其情可堪？還是借機攫金？

另有一件是理智與同情交雜，難做決定的事情。

仲介公司有疏漏

我們公司在忙碌的季節，常經由人力仲介公司提供臨時的專業技術人員，聘用幾週到幾個月。一次在西岸一個工地上，需要一位能夠獨立作業且有經驗的技術人員，做土壤水質採樣的工作。仲介公司派來一位技術人員比爾。不久，我們忽然接到一通客戶來的匿名電話，要求我們去仲介公司細查比爾的背景。結果發現這家我們常用，信用很好的仲介公司這次有疏漏。通常仲介公司會報知臨時員工的全盤背景。但這次他們沒有報知我們，比爾曾因為持械搶劫入獄七年，才假釋出獄幾個月。客戶認為，公司既然已經得知比爾的不良過去，應該自行決定是否留用，如有任何情況發生，公司要負全責。

那時我們正在度假，人事室和公司特約律師聯絡。律師的分析是，比爾單獨作業，並沒有工作同伴或有人監督，工地周圍常有其他人員走動，他是否會和任何人有衝突，無可預知。但因公司已經全然了解他非法暴力的過去，萬一他在工作上有任何傷人事件，公司絕對無法避免刑責或賠償。

理智與同情

人事室立即通知當地辦公室經理，要求仲介公司替換臨時員工。沒想到，此事在辦公室引起軒然大波。人事部門原本要求專案經理、辦公室經理，不要插手，他們會直接解決。但是也許人都有惻隱之心，據說專案經理同情比爾，事先告知其原因，解釋這是公司的決定，不是他的決定。辦公室有幾位經理級幹部當天全都長篇大論的書寫感言與議論，希望留住比爾幾個月，讓他完成工作。

這時已升任營運長的葛菲不願做決定。勝年度假回來後，立刻採納律師的建議，更換臨時人員。勝年事後告訴我說，如果這是他自己一個人的事，他會將心比心，給予比爾一個機會。但是萬一比爾再次攜械傷人，公司的刑事與賠償的代價有可能是整個公司的存亡，這關係著幾百人的工作與更多人長遠的利益，他無法不做這個果斷鐵腕的決定。

一個人做事，如果只對自己，和自己所做的工作負責任，許多事情可以隨心而行。也就是英文說的go with your heart。凡事如能隨心所欲，那應該是很愉快而幸福的。但是必須對一群人，一個組織負責任的領導人，在每個裁決時刻，須有前瞻又深遠的思慮，做出對最多人、最長遠、最有利的決定。自己心中的糾結，或任何人的不同意見，權衡之下，必得鐵下心將之放置一旁。

（本文部分情節原刊登於聯合報繽紛版文題為：「理智與同情」）

倒戈總經理

在與開普公司的商討中，對方總經理肯恩表示投效的意願。
當時怎麼也沒想到聘用的這位總經理是
一個遊走在法律邊緣的工業梟雄。

公司在田州歐市營運受挫之後，我們改弦易轍全力發揮我們的專長——工程設計與環境復建，提交的案子成功率也不錯。但是我們在工程建築上的成績就不理想。我們的競爭對手開普公司剛好相反，雖然在工程設計上，我們常佔上風，但他們總是在工程建築的投標中打敗我們。於是我和開普公司開誠布公，期望商討一個合作方案，互補彼此的不足，或者合併成一個比較大而完整的工程公司。最後因為情況比想像中的複雜很多，這些計畫都無法付諸實行。但是在這反覆的商議周旋中，與開普的總經理肯恩有了接觸。

肯恩有開創的長才

第一次與他商討兩家公司合作事宜，肯恩就表示有跳槽投效之意，我很詫異他這麼明目張膽。但肯恩的理由也有說服力。他說在開普公司多年，幫助他們成長，也到了一個頂點，因此想要換個公司繼續發揮他領導發展成長的專長，創造另一個高峰。當時我們公司似乎正處瓶頸，要打破這侷促不前的局面，的確需要加一把推勁。肯恩應該可以帶進工程界、市場、人力資源上等等不同層面的知識；甚至也許可以因此拓增一些不同的工程服務項目。

溫和謙卑的總經理

肯恩溫和有禮,有時蹲跪在我座椅邊討論事情;聖誕節前送我有名的歐瑪哈牛排禮盒,作風與公司其他幹部直來直往很不同。他比我年長,過於謙和倒是令我不安。很快地他與各部門經理都建立很好的關係,特別是會計經理、合約經理。跳槽過來後,他花了數月時間來了解公司。他從一開始就稱讚我們內部營運的系統比其他公司完整很多,內控嚴謹又靈活,遠勝過許多同樣規模的公司。

勝年採取了肯恩的建議,請了昂貴的顧問來分析公司的專業能力、實質價值、未來走向、和預期的策畫。這位顧問用圖表列舉出一份清單,內容包括:系列的市場業務推展、公司未來三到十年的規畫,全都在這份洋洋灑灑的報告裡。肯恩理應帶領各部門的經理依這份藍圖去執行市場開發。可是大半年過去了,並沒有大的突破。

引介投資集團

但是不久肯恩表示,他以前在開普公司就曾與一個小型投資集團談過收購或投資開普,可惜沒談成。投資、收購或合併在我們這行業也不是新鮮事,多認識一些人總是好的。奇怪的是,他並沒有介紹這集團與我們認識,只是帶回他們的條件。收購合併的條件,不光是在財務上要求苛刻,對未來的營運管理更是令人不能接受。肯恩的計畫是:帶進他原來在開普公司的幕僚,來主導整個新公司

的經營；公司原任的股東及全部資深幹部退居幕後，不必過問任何決策管理。當然這明顯的表示，原公司的人員全部降為二級主管，他與幕僚將是公司的主導人物。我沒有與任何資深人員進一步商討，當下就輕描淡寫地拒絕了這個收購合併的提案。我說除非讓我直接與這集團商談實際內幕，此案就此打住。

肯恩並未顯出特別的失望，公司一如往常地向前推進。

倒戈有如電影情節

當年六月，勝年和我像往年一樣度假回來，召開經理會議，肯恩搶先與資深經理有個閉門會談。勝年和我坐在會議室，被肯恩約談的資深經理陸續走進來，各個表情有異。肯恩最後進來，繃著臉遞給勝年一張紙，隨即離去。勝年看了之後交給我，我看了真是一驚。肯恩送上來的是辭職信，信上說他因為我們不答應他的收購合併提案，他已經接受這個小投資集團的邀請，另組新公司。這時全部的資深經理才透露，肯恩剛才在小組會議中告訴他們，股東想脫手公司，談判不成，他很失望，所以決定接受投資者的建議，另組公司。並且高調預告這新公司的遠大前途，希望大家追隨他。我這一驚非同小可，原來他在我拒絕了他的收購提案之後，不動聲色地享用著總經理的職位薪水、專用車、商務旅行，擅用資源，卻同時謀畫另組新公司。感覺上似乎像電影上所見到的倒戈總經理，用各種計謀來整倒股東或董事長等等情節。

公司震盪

在後來的幾個禮拜裡，公司開始有了人事變動。首先，會計經理決定要追隨肯恩去建立一個大有前途的新公司；她身邊的一個資深會計馬上跟進。一位提案聯絡員與肯恩帶來的提案經理來往很密切，兩人相繼辭職。戲劇化的是人事課長。她與她的老闆，公司的總行政長科蒂時有齟齬，這時告訴科蒂她希望換成半工職位。當被問及另外半工時間的打算，她支唔地回答說，會去肯恩的新公司幫忙。科蒂當場叫來電腦資訊部門的人員切斷她的電腦連線，請她立刻將私人物件裝箱，由科蒂和二名員工陪送這位人事課長，拿著幾箱私人物件，走出辦公大樓，眼看著確定她將車子開出停車場，才回公司。

其實這位被當場辭退的人事課長後來並沒有被肯恩聘用。會計經理和她的手下會計，以及那位提案聯絡員當時都被肯恩的厚薪所吸引，拿了兩年的保證聘書，據說在聘書期滿的第二天就全部被解聘了。那位幹練的會計經理，經過此事之後，沒有再做過真正會計的工作，40多歲的年紀就退休了。

肯恩在公司一年不到的時間，摸清了公司很多底細，包括公司的人員、職務、以及他們的重要性。他說服了與其他部門不合的會計經理跳槽到他的新公司，因為會計經理全盤了解公司的內部營運，用這種方法，把我們長年建立的制度在兩年之內全部複製到他的新公司。這對我們只是引起一時的不便，並不是大損失。公司最

大的損失是失去一位擁有數位重要客戶的工地主任，對我們後來幾年就有明顯的影響。

君子還是蛀蟲

　　肯恩和他所帶來的幾位所謂高手相繼離開公司後，有關他們的所作所為才陸續在員工中傳開。一位肯恩的左右手，提案成功率極高的提案經理，總是指示部屬，寫提案可以盡量吹噓，因為提案審察委員會不可能一一去查證。把過去客戶的滿意度與好評盡量誇大喧染，不足的經驗則加以粉飾。另一是與合約部美女經理辛蒂有關。她事後告訴我，雖然表面上肯恩與她工作相處還算和諧，其實肯恩經常用不妥當具有性騷擾色彩的語氣與她說話。她告訴我如果肯恩不離開，她可能會提起性騷擾的訴訟。很難想像，這位被工業界認為有成就與名聲的領導級人物，竟然會有這樣的行徑，到底是君子還是蛀蟲？

　　在後來的幾個月中，我們忙於填補這些職缺。有一天，開普的董事長打電話給我，才知道肯恩在開普公司所造成的困擾與損失遠比我們嚴重。肯恩在後來的數月到甚至一年後，陸陸續續帶走了幾十位開普重要技術人員，開普由於失去這些要員，當然也失去了不少客戶。其實可以想像，肯恩在我們這裡工作不到一年，用高薪，以及兩年的保證聘書，帶走我們幾位容易被說服，對他重要的幹部。而他在開普工作多年，對該公司了解更透徹，誘使對他有用的人離開舊公司跟隨他，當然更不在話下了。

要不要告他？

開普的董事長聯絡我，是希望我們一起控告肯恩不道德、不專業的行為。我與律師討論很久，律師的意見是不道德並不表示違法，這種訴訟勝算幾乎是零。在美國，任何公司的員工通常都是出於自身意願而工作（Employment at Will），被同業高薪挖角是很平常的。雖然我們公司對營運軟體的運用非常有創意而且靈活，但這是商用軟體，任何公司都可以買。若有人在我們公司學到的營運知識與經驗應用到其他公司，並不違法。其次，就算我們告贏了肯恩，頂多證明他沒有專業道德，法官也無法裁量賠償金額。勝年和我決定不做進一步的法院申告，忘掉這不愉快的事件，只當成是一宗營運上的教訓，專心一意地繼續經營，把公司往前推進。聽說開普與肯恩纏訟多年，不知結果如何。

工業梟雄

往後的十多年直到我退休，市場業務方面經常傳來肯恩與他公司的消息。他們在工程界非常活躍，不擇手段贏取標案，聽說有其他的公司，因肯恩膽大妄為、肆無忌憚，憤而向客戶申訴肯恩不當的商業手法。但是肯恩總有辦法規避訴訟，安然無恙。工業界的確有這些走在法律邊緣的份子，他們大膽而狡猾，所做的事情都經過精打細算，雖不道德，卻很難判定是違法。只能說他們是每個公司都需要防範的工業梟雄。

正確的自我評估

中國人常說：「路遙知馬力」，這話用在職場上，
是警惕不能以一時的小成就，
就自我膨大做出不真實的自我評估。

在公司成長的過程中，滋育了很多人才，成就了他們出色的職涯。許多成為支柱的資深幹部都是與我們相隨共事多年，自家琢磨（Homegrown）的幹才。當然在這過程中，也遺落了一些曾經在風裡雨裡，克難境遇中一起共事的部屬。其中都有不同的原因。大約當時公司小，他們的工作規模與程度較為固定而窄小，足以勝任。但公司逐漸擴張，工作範圍不停的變化擴大，各部門結構經常重組改變，人員一定要能與公司同步成長，能力足以應對公司的需要才能長存。

行政助理蘇珊娜

蘇珊娜是公司很早期的一個行政助理。密市辦公室正起步時，助理需接電話、準備各樣行政公文、管理會計與人事紀錄、協助技術人員與專案經理等等。管理的事情繁雜，但因人員不多，所以工作雖廣卻不深。由於人員增加很快，蘇珊娜也跟著公司在三年內換了三個辦公室。

公司日漸擴張，會計部門管理的事情也趨複雜，我們開始訂定人事管理規章。新的部門逐一成形，日趨茁壯，新銳領導各居其位。蘇珊娜幾次向我提及，希望做會計或人事管理，因為在過去三

年，也有參與此業務。但是每個部門成立之初，都急需一位資深有經驗，能夠輔佐領導運轉並建立政策法綱的能手。同時這個人也需具備某種程度的專業背景。

沒有功勞也有苦勞的心態

我其實有向幾位經理提及試用她，他們都表示不恰當，我也知道她的缺點，並不勉強。蘇珊娜每樣技能都懂，但沒有一樣專精。簡易文件、會計、人事紀錄都可以處理，但粗心易錯。記得她在我辦公室哭訴，盡力工作三年了，幫公司搬了三次辦公室，一定可以勝任任何一個會計人事部門的位置。她這樣沒有功勞也有苦勞的心態，我完全了解。但是任何一個員工在自由企業裡，靠的不是老資格，而是在每一個時段被公司需要的程度。

蘇珊娜個性活潑，但容易激動，帶著兩個孩子，一面辦離婚，一面也在辦公室尋覓新對象，很快就與一位年輕工程師約會，辦公室戀情鬧得沸沸揚揚。兩人熱鬧訂婚，高調結婚後，蘇珊娜另謀他職離開了。可惜的是，她的先生是位工程設計高手，而後來工程部門卻沒能留住這位人才。

高挑大方的業務艾倫

雪若是個業務人員，經常同我一起出差參加展示會，處理會場展出的櫃檯與資料，並為參觀者做公司簡介。雪若匆忙間辭職時，

介紹了艾倫給我。我面試艾倫之後就聘用她了，因為我們馬上需要一位業務人員來打點展示會的細節。那時公司業務開始積極推展，我們漸次延納市場業務人員，包括資深經理史查。加上原有的幾位業務高手，市場部門越發強壯，我參與的時間也就相對減少。

　　艾倫長得高挑大方，很容易受人注目而願意停留在我們的展示攤位，聆聽她的簡報，她也能與客人熱絡洽談。但不久之後幾位經理反應，也許由於沒有技術背景，遇到專業問題反應遲鈍木訥。其實雖然沒有專業技術背景，但若能在技術經理與提案部門之間，酌情迂迴適當利用不同的人力資源，應也可以做出一般市場推展的資料。她個性有些孤僻，不願露拙，所以幾個月也無法交出大家所期待的市場資料。後來還是由市場提案部門的資深經理理出一套新穎耀目的公司簡介做市場推展之用。

　　有一次在公司業務小組會議之前，艾倫對我說，沒有理由要求她和提案部門的珍妮做會議記錄，這是歧視女人的行為。這說詞讓我愕然語塞，結果那次會議史查自己做手記，以後也都由不同的經理自己做紀錄，有時甚至我也親自動手。

要求副總的職稱

　　我們在幾年之內贏了幾個大型的提案。全公司都很興奮，幾位資深經理和提案部門功不可沒。當然艾倫對其中一個特別的客戶聯絡頻繁熱絡，提高公司聲望，的確也很重要。艾倫很快地來要求，

希望有經理的職稱，後來又轉來她的意願希望加上副總的頭銜。

即使私人企業的升遷，沒有硬性的服務年限資格審核，也要考慮整體的合理性。我告訴艾倫，她可以坐在有窗戶的經理辦公室，薪水也可以增加，但是她要的頭銜還需再考慮。後來艾倫與技術經理互動間，越形孤僻。除了熟悉的一兩位客戶，對其他市場業務推展態度消極。史查同我商量，想要另聘有技術深度，客源廣闊的業務經理來取代艾倫，我同意了。艾倫離開我們之後，無法在業界任何其他公司謀得一職，聽說後來回到她原來任職的玻璃製造廠做銷售工作去了。

年輕活潑的會計員安娜

會計部門曾有一位年輕的會計員安娜，人很活潑，說起話來滔滔不絕。我每次去會計室找經理講話，總會和她談談她正在讀夜校的課程。長久以來對她的優點缺點也略有所聞。她口快言多，好處是做事迅速，缺點是粗心思慮不周。她利用公司的學費資助政策，幾年之內拿到夜校會計學位。但是與前後兩位經理的工作關係不是很好，有了學位之後就更強勢，常常採取不合作的態度，與經理時有爭執。

被會計經理炒魷魚

有天晚上我居然在手機上接到安娜的電話，原來她被會計經理

炒魷魚了。安娜自揣偶與我閒聊，居然找到我的手機號碼，直接向老闆抱怨會計經理請她走路的事。她說，她現在有了會計學位又在公司工作多年，受不了經理不賞識她的才能。她不應被辭退，其實應該擢升才對。我視她如晚輩，勸告她，經理要管理整個部門不是件容易的事，應該要與經理合作，了解他的需要，不是經常與他唱反調。既然有了最基本的會計學位，不要著急，一定可以找到一份會計工作。以退為進，反省自己在過去的會計團隊中，有沒有可以改善的地方，然後去考會計師執照，增強自己的實力。把丟掉現在工作，當成是往後退兩步而準備高躍的跳板。會計師執照並不容易考，要加油努力。被公司辭退並不是天塌的大事，很多人都有被辭換工作的經驗。定下心來慢慢走上另一個職場。祝她幸運。後來我聽說她在另外一家公司找到工作，並努力考會計師執照。

不真實的自信是追求泡沫

員工一定要有正確的自我估量，堅強的專業或技術背景，而且一定要增加自己在公司與業界的重要性。有時自己評價不正確，憑藉稍許的小成就，形成不真實的自信，那就是追求泡沫了。人在年輕的時候很容易犯下這樣的錯誤，我們很多人在年輕時不是也有這樣的想法嗎？

把美麗帶走　痛苦留下

經營企業有如編輯一本書

有位編輯朋友為文，敘述出書的過程。講到幕後校對、編輯、美工、印刷、銷售等等許多繁雜的細節與艱難，期待的是幫助一位作家將其著作成功地呈現在讀者面前。贏得的光耀與美麗當然屬於作者，總編和許多的幕後工作人員則把這辛苦繁瑣當成是造就一位作家和一本好書的儲備過程，放在工作紀錄裡，等待迎接下一位作者的佳作。這位朋友的感受讓我起了共鳴。一家公司的經營業主，也與總編有類似的心歷路程——尋覓招攬有市場價值的人，並輔助他們完成可承擔的任務。編輯出書通常是以個案的完成為目標，把作者表達的內容精華提粹，達到盡善盡美的效果，展現一本好書的風華。經營一家有規模的公司更要把這每個個案漸次形成一套可以運作的結構，撐起一個有效率的企業。

主管的任務是選人用人

在一個企業結構尖塔裡，有不同階層的管理，從業主、股東、總裁、到各級主管，職位高低雖然不同，但所扮演的角色都是要尋覓填充所需要的人員來完成指定的任務。常常也不見得可以覓得完全理想的人選，這時候就需要訓練琢磨經驗不夠的人，輔導他們完成任務。首先要把這需要磨練的人員放在一個適當的工作專案裡，教導帶領這些員工進入情況。反應敏捷學習力強的人，很快就能掌握要點，有效地發揮工作能力。若是資質與學習力稍微緩慢的，主管就要有更多耐心或是想別的辦法讓員工能融入工作。這些訓練、

琢磨、引導，有時不但需要耐心，更是需要花很多心血才能培植成所需要的人才。這期間，業主或主管需要對員工任何一些進展多加鼓勵。有些人會在一些稍有進展或小成就上沾沾自喜，甚至把專案的完成與客戶滿意度完全歸功於自己。一個有肚量的經理或主管，要把這些進步與小成就的光環功勞恰當地加在員工身上，鼓勵他們繼續努力。

如能養成人才，可喜可賀。這時就要諄諄教導，維護他們的自信，同時要鼓勵適當的企圖心。但是如果企圖心太高太快，升等跳級一時不如意，head hunter 就有機可乘了。常有剛被培植出頭的員工，正是公司仰仗可以獨當一面的可用之才，一兩年就被競爭者挖走。業主或主管在心痛失才之餘，還要面帶微笑，維持公司的品格與風度，在送行午餐上祝福他前途無量，其實腹中的苦水說不出，因為馬上就要重啟爐灶，再一次的聘用，訓練等等反覆的過程，希望下一次運氣好一些。

當經理及各級主管遇到困難時，不管是財務、技術、行政或是人事的困擾，都可在會議上提出。有些在經理及主管階層就可找到解決方案，但是最棘手，有關公司存亡困局的，就只有送到我和勝年手上。

午夜驚懼而醒 尋找黑暗的出口

公司曾歷經多次關鍵的生死難關，有財務上的困境、合約或是

法律訴訟的紛擾、痛失重才或其他難解的人事糾紛。這些沉重的擔子，常成了我和先生每日的生活主題；從辦公室帶到晚飯桌上，甚至午夜夢迴，驚懼而醒。我的嚴重胃病就是在這幾十年的壓力下積憂成疾的。記憶最深的是，我在夢裡一片黑暗，想要觸到一堵牆找到一扇門，可以走出這片黑暗，口中問著：「有人在嗎？可以告訴我怎麼辦嗎？」然後被冷汗驚醒…而勝年更有過極為痛心的傷痕。在倒戈總經理肯恩，帶著會計經理瑪麗離開時，跟進的那位工地主任其實與勝年的私交極佳，二人打高爾夫，談球事，一起度過不少愜意的時光。但是在加薪晉級的利誘下，選擇參加肯恩的新公司。這不但使公司之後幾年失去了幾位重要客戶，也使得勝年在後來的許多年失去了打高爾夫的興致。也許每次想到高爾夫，就記起來這個追隨高薪，背叛而去的球伴吧。

編出一本好書

　　我的這些心歷路程，也許做編輯的朋友很能心領神會。在經營事業上，希望的是造就人才和他們的光環美麗，能留在公司成為公司的榮耀。對於那些決定離開的人，也只好讓他把美麗帶走，痛苦留在我們的經營教訓中。

回首來方路 7

有關環保

環境保護法規的擴權，
多少影響了工程或工業進展的受阻及社會經濟的蓬勃，
這天秤的兩端正考驗著人類的智慧。

嚴格的環保法規帶起了環境整治工業

我的公司經營項目很多元，其中環境整治占了很重要的份量，聯邦環保署就是我們的大客戶。其實做任何一個工程都需要受到當地自然保護管理部門的監督與管理，嚴格的環境保護法規造就了環境整治工程行業的興起。創業當初，公司著重於一般土木與污水處理工程。但是環保法規的嚴格執行帶起了環境整治工程的龐大聯邦預算，我們也在這個趨勢下毅然投入這個行業。

在設計工程之前先要有公聽會

我們的工程部門，有專業環評人員，負責在設計任何一個工程之前，包括公路，橋樑，建築物等等，先做各種程度不同的環境評估（Environmental Assessment），和環境影響說明（Environmental Impact Statement）等，才能著手進行設計與施工。這其間會有多次的公聽會，邀請周圍會受到影響的居民來發表意見，通常由工程設計公司，或當地自然資源保護部門主持。提出的問題可能會有：對稀有動植物、濕地、古蹟、墳場、住家或任何建築物的影響。每一個問題都需要經過詢問、商討、證明、研究，直到有合理的解決方案，並且符合全部有關的環保法規之後，

才能准予開工。環保法規細則繁多，我所經歷過的案例相當廣泛。就拿濕地問題來說，情況就相當複雜。我們建築的公路附近若遇到蟲鳥棲息的水澤，這公路就得繞道而行，或者由我們的專家在附近規畫另一片濕地，讓蟲兒鳥兒易地而居。通常一個幾十英里的高速公路，至少要一兩年，甚至更久才把環境評估做完，所有的問題得到合理的答覆，才能得到開工許可。

最麻煩的是在工程進行當中，發生與環保有關的問題而使工作停滯。例如在工地附近的水池中發現幾隻死魚，或路邊有死鳥，一定要馬上鑑定死亡原因是否與工程引發的環境變化有關。我們曾經建築一條幾英里的海岸線保護堤，施工中發現了幾隻死海龜，工程因此停滯了一年半，直到州政府的自然保護管理部門驗證並找到解決辦法才又繼續進行。這就是美國對於環境保護嚴格與周密的態度。

環境保護vs.經濟發展

在美國這個自由民主的社會體系裡，從聯邦、州、到地方政府，輿論與民眾都有制衡的作用。若各級政府的領導和公眾輿論偏向自由派，環境保護的法規會廣泛的擴張，並且保護得更細密，我們這些以環境整治為主的公司得以受惠，發展快速。然而，有時候因為過度保護，造成工程或工業進展的阻礙，而使得經濟發展遲緩、低效率。相反地，一個極力重視發展工業與經濟的社會，也許會放寬一些環保法規的尺度，從而帶動一個蓬勃的社會經濟，提供大眾更多的就業機會。

是否要放棄石油能源

近年來環境問題常被討論。許多人認為人類造成的環境污染是氣候變化最主要的因素。所以有人提倡在10年後，美國應該全面放棄汽油帶動的交通或生活工具，改用大眾交通或其他能源來取代。這通常都是比較自由派人士的理念，但是他們沒有想到的是任何公眾交通的建造也同樣會引起對周遭環境的變化。以美國這些嚴格的環保法規，光是研究這些公共交通的能源與發展是否有對環境產生影響，可能都需要幾十年。如果要應用另外一種能源，例如用電來取代汽油，那麼又要解決電源的廣大來源，核能、太陽能、風力發電，那又是另一個話題，涉及更長遠的計畫與執行。

美國憲法賦與人民言論自由，這個權利列於1791年的第一條修正案（1791 First Amendment），是美國人最珍惜的權利。在美國無人吝於發表己見，整個國家與社會就是在這多方面不同意見的互相堅持、爭議、牽制與平衡中穩步前行。環保法規的尺度與經濟發展，孰重孰輕就應由政府與人民來決定了。

●接受美國環境
保護部頒發傑
出中小企業獎

接受1999傑出女
性創業獎

理性競爭是動力

個人也好、企業也好、甚至政府，
沒有人是不能被取代的，沒有工作是永久的，
除非你持續證實你的價值，才能保證你的存在。

在聯邦合約的競技場上，我奮戰纏鬥多年，學習了許多競爭的基本技能：謀略計畫、眼觀四面、耳聽八方、獨戰或連橫、縝密考慮、估量勝算等等；雖然贏率不錯，失敗亦不可免。贏得合約之後，更是戰戰兢兢履行合約完成工作；一次疏忽，偶有漏洞，馬上在聯邦的紀錄上被打上黑記，大大影響未來贏算。在這樣激烈的競爭中，日日摩拳擦掌，激勵自己的團隊人員，精進技術、工具與系統管理等，才能站在不敗之地。長年在這樣如履薄冰的備戰心態，無形中公司養成了一個敏銳應變、成長快速、有競爭力的強勁團隊。

勇於接受挑戰的團隊

這樣勇於競爭，接受挑戰的精神，也就是所謂的Entrepreneurship創業精神，在公司的組織與成員中表現無遺。公司員工流行一句話：「沒有人是不能被取代的，沒有工作是永久的，除非你持續證實你的價值，才能保證你的存在。」在這樣的理念下，人人努力工作，很少有人自我坐大，悠閒作態。也因此，多數能在公司存活長久的都是實打實幹，不畏競爭的員工。除了季節性與臨時員工外，許多同仁都服務多年，人事替換率並不高，所以公司成長穩定。即使如此，在我們退休前後，一些老員工幹部，也逐漸

更替，有自動退休，強制退休或屆齡退休；有些二、三十年的老員
工，自忖職位穩當，不可取代，失去了鬥志，往昔勤奮的工作態度
開始怠惰，故而公司換新血也是不得不然。

由競標選用供應商

我們是聯邦合約公司，必須依照許多聯邦法規來執行工作合
約，而公司經營也比照聯邦標準。例如，挑選次合約商或機具物料
採購，過程都要經過競爭，檢視比較至少三個不同廠家，挑出品
質最好價錢最低，紀錄優良的才能下訂單，維持一年或兩年，然
後重新招標。我們合作的廠商，物流方面包括UPS，Fedex等。工
務車輛，得標的公司在過去曾有Honda、GM，最近幾年則是改良
後的Ford得標。連文具的購買，也是經過招標的流程，現在是由
Staple供應整個公司全年文具所需。這些提供服務、用品或工具的
商家，完全憑藉品質、價格與服務的滿意度來得標，很難有賄賂、
走捷徑的行為，正如同我們這些聯邦合約公司一樣，要兢兢業業，
不停地提高品質、降低價格才能繼續爭取到商機。

理性的資本主義社會

美國是一個資本主義的國家，聽起來好像是一個很現實的社
會，實際上也是一個理性的社會，也就是凡事要講理，符合邏輯。
雖是以競爭為本質，其實對大家都公開公平。美國政府在理性與資
本主義的兩大前提下，鼓勵創業，自由競爭。有許多創業者擁天時

地利人和，加上本身的創意與奮鬥，最終成為非常成功、富甲天下的大企業家。但美國政府也考慮到這些極為成功的企業商家不能獨攬某一個市場，所以經常也會檢審，或要求大企業分割重組，成為數個不同的中型公司，給予其他競爭者空間。

讓資源不足者站上較公平的起跑點上

政府當然也考慮了競賽基準的公平性。例如，保留一部分聯邦合約給中小企業競標，給能力與基礎薄弱的民眾合理的照顧，給資源居弱的性別或族群某些優待福利。這些政策就是要讓資源不足者站上較公平的起跑點上，但不是保證或永久性的。政府期望藉此，扶植弱勢民眾增強實力，自立更生；資源不利的族群，跟上主流，自發自強。除非能力的確微薄無法自給的族群之外，在這個理性競爭的社會裡，人人都可以領受這些福利或優待，從而發揮最大的潛能，自立奮勇往前衝。如果有人只想憑藉福利與優待永久維生，就失去了這些德政的本意，自己也永遠陷在無能無助的泥沼中，難以翻身。

我個人總覺得，許多渴望票源的政客，尤其是資優政客，不斷提倡鼓動一般大眾，爭取政府大幅度的金錢與物質福利，完全忽視工作意願、技能訓練與努力成果的重要性。這些自身學經優秀的政客，極度提倡大政府政策，主張增加政府人員與開支，認為政府應負責大多數人民的生活與福利。人民依附政府越廣越深，政府與領導者也就越能掌控整個國家與每個人民生活的導向。從歷史經驗中

可看出，這樣的政策常會導致失去互相競爭的意念。擢用升遷不以技能與成績論究，而以年資年紀為考量，競爭前進的原動力將蕩然不存。長此以往，這個有闖勁、有動力、有創業精神的國家，將會失去當年立國拓荒的精神，會停滯不前，甚至倒退。

美國社會走到了十字路口

今日美國社會走到了兩極的十字路口：一是傾向大政府的社會或甚至以共產理想為最終目標；另一則是人人都有平等競爭的權利，自由發揮創業創意，帶領國家前進衝刺。這兩種不同的理念是要由民意做選擇，也許更替運作。有時不禁深思，這些享受自由思想，習慣於自由生活與選舉的美國人，應該有足夠的智慧做合理的選擇，但同時也不會忘記這塊自由的樂土是由競爭創業的精神累積出來的吧！

言寡有物 語重前瞻

我們最大的不同是個性，這可能是我們後來能攜手創業，
闖出一片天地最大的原因。

年輕相識時，總是我滔滔不絕發抒己見，他大多只微笑傾聽。其實我知道他是一個有獨特見解的人，能從許多不同的角度察人觀事，關鍵時一針見血地點出基本卻偏疏不同的意見，讓人一時語塞。不熟的人因他常意見相左也許認為他偏激；懂得聆聽的人，耳目一震，會停下來重新細想。他是我的另一半——勝年。人說夫妻互相吸引，很少是因為彼此太相像，反而是因為諸多差異才能相依相隨。

很年輕的時候常有人說，我們最像的地方是臉型，都是上寬下尖的倒三角臉，說得好聽是瓜子臉。他有那中國人說的一白遮三醜的白皙皮膚，而我則是西方白人花錢耗時做日光浴才有的褐色皮膚。後來患了嚴重眼疾開刀數次，我連那唯一最讓人注意到的雙眼皮大眼睛也不見了；倒是他，狹長而內雙的眼睛雖失去了年輕時的明亮，也還維持在20/20（約是台灣1.0）的好視力範圍內。

我活潑外向，他眼光敏銳

實際上我們最大的不同是個性，這可能是我們後來能攜手創業，闖出一片天地最大的原因。我個性活潑外向，喜歡與人聯絡溝通，分析人與事雖周全但細膩不足。好處是很快可以進入人際狀況，推動事情的進展。但這種個性同時而來的是大而化之，粗心遺

漏，講話與行事都太急躁，欠深思易犯錯。

　　雖然我也知道勝年的觀察力有與眾不同的地方，但是莫斯對他個性的解譯可能更貼切。每次商討事情膠著不前時，莫斯就說：「Nick會怎麼想？」他非常佩服勝年敏銳的眼光和深入的洞察力 perceptive and insightful vision。

　　莫斯與我們有幾十年的共事經驗。早期聘用勝年在其手下研究管理污水處理流程的就是他。而最近的20年，我們反過來聘請莫斯管理密市一個小工程部門，並負責污水處理方面的專案。後來由於急需一位可信賴的主管帶領剛起步的子公司，所以在他臨退休前留用一年多暫代經理。

　　他印象最深的應是三十多年前那件事：當時大家都同意接受有名大顧問公司的建議，擴建污水流程的容量，以達到法院判決的污水廠出水有毒氨氮含量標準。這包括部門經理莫斯本人、名校博士瑞得、甚至威州自然管理局。唯有勝年獨排眾議，提出一個方案，在控制某些因素的情況下，只需加長污水中硝化作用的流程，應可降低有毒氨氮的含量，達到法院判決的流放標準。

　　他先說服了法律部門的律師，又由律師陪同上法院說服了法官，延長數月由他實驗證明這方案的可行性。這主要是由於他洞見當時密市工業活動已降低，人口未增，污水流程的容量有餘，沒有理由在這樣的一個環境下花一筆可觀的經費來增加容量。這加長流

程中硝化作用是書本上已有理論證明，值得一試，結果證實他是對
的。只是一般人迷信大顧問公司的判斷力，沒有深入觀察慎思，順
水推舟，不願提反對意見。

習於寡言靜聽

後來在公司的許多會議中，大家都明白他這寡言靜聽的習慣，
經理們各自闡述意見，最後等著總經理裁決，他才開始點出一些最
基本，卻被忽略的問題。他一旦開口，通常都會使人一怔，無法作
答，接著急忙轉換頻道從新的視角去發掘原因或做法。有時他也會
中間截斷爭議，因為若不值得討論，毋須浪費時間。

Trust Nick

葛菲最初幾年，在會議上凡事先與其他人唱反調，尤其與行
政人員更是格格不入。被勝年反覆從許多不同的角度提醒、反駁、
爭辯之後，他開始懂得易地而處，由不同觀點分析得出各種結論，
然後從這些結論中，大家研討出行事的方案。勝年不只從表面看現
象或分析結果，而是追根究底，找出沒人注意到的一些問題，刺激
大家腦筋急轉彎，這在公司的幹部會議中變成一種慣例。每回大家
論述爭議完畢，葛菲綜合全部的意見，就會說，我知道Nick一定
有話要說。他總是在這時開始追究最根源的問題，比方說，在這個
時間提這個問題對嗎？在爭議這個問題之前有沒有想過其他因素？
或是，因為一時之間無法解決這個問題，那麼就留給將來再回頭解

決…到了最後10年間，葛菲的口頭語變成「我要把這事留待未來讓Nick解決」。「Trust Nick」變成不能解決問題的解決辦法。這個信賴代表了無窮的責任與負擔。

果斷決勝算 稅負不可免

勝年常在幹部會議上強調一個領導者的果斷立行decisiveness極為重要。他常引用二次世界大戰五星上將艾森豪將軍說的話：「Marginal decision is better than no decision.不能立下決定會引起混亂。」

勝年有一些處事原則與口頭禪，在我與工業界朋友或公司同仁的談話中常被提起。例如「Tax and death are the two things you cannot run away from.」稅與死亡是兩件不可避免的事，只能往後延但一定會來。繳稅不可避免，只能合法的減免或拖延繳稅期限。例如住在不抽稅或稅率低的州或郡。又如存放政府允許的退休帳戶，在退休後稅率較低時再提出使用。常常華人開的商店，不向客人收稅來逃稅，勝年會警惕他們。

敢做大膽的假設與行動

有時三兩好友聊天，總有人喜歡問勝年對時事的看法，因為他總有別人沒有想到，或不願想到的意見。他不但對現有或過去會有非常另類的看法，甚至對大家都認同的趨勢也經常質疑，對未來的

洞察力使他敢做大膽的假設與行動。1997年間，公司成長平平，我們每天窮於應付技術與財務各方面的困難，但他已經看出公司一定要有一個大的伸展台，才能讓我們的技術、財務以及市場業務等等得以擴展。他說服了銀行貸給公司一大筆資金，投注到營運系統化，並花了兩年多的時間與眾多人力，將之付諸實行。當時幾乎把公司的經營拖到谷底，但是幾年之內當返身往成長曲線上升時，我們很快地從一個小型公司，翻身一躍在聯邦合約中打響知名度，成了被人稱道的好企業。當然也是這個原因，引起了肯恩覬覦我們的營運系統，出歹念挖走幾位主力幹部。

這前瞻性的策畫是一個公司領導人必須具備的能力。在許多日常瑣碎的市場或是業務討論中，他可以偵測到某些有潛力的市場，或是預見到未來可能需要的人才，總是未雨綢繆。比如說，收購或籌備某些技術能力以為未來的市場提供先機。洞察前景，儲備人員，時機來臨一切就緒。

痛恨君臣父子的觀念

勝年對人際關係也有他獨特的想法。他認為人與人之間，不管是上對下、下對上或是平行地位，最重要的是平等對待、互相尊重。這也是他在公司對待全部員工的態度。他對中國傳統的君君臣臣父父子子的觀念非常反對甚至痛恨。他認為中國曾經積弱百年就是這個觀念造成的。為民為臣是弱者時，卑恭屈膝；為君為官成強者時，仗勢凌人。國家要民主，無論是百姓或官員最終應該效忠的

是國是民，而非君，或是某一個黨或領導。父母與子女之間因愛而互相關心，愛與關懷應該自然取代傳統上所謂的孝與順。這樣的見解常令同胞朋友驚訝，但也讓人深思。

人生與事業都是一個複雜組合的結果，沒有單一因素可以解釋的。我和勝年兩人極為不同的個性，而又有一點交集，善用各自相異的才能，極盡發揮，相輔相成，才能在這個艱難的事業路途中找出一條自己的出路。

前瞻是領導人最重要的特性

在退休晚會上，梅特重複著勝年在最後一次公司年會上對經理們講的話。勝年語重心長的說：「這是我最後一次以CEO的身分對大家講話。這麼多年我對大家耳提面命無數，今天只想和大家談談一位冰上曲棍球名將所講的話作為我最後一次對你們的提醒：『一個好球員有能力應付在手上的球，但是一個偉大的球員要有能力去洞悉與應付球將要到的地方。』要記住，前瞻vision，是一個領導人最重要的特性。」

Wayne Gretzky, who was called "The greatest ice hockey player ever" made the following famous quote "A good hockey player plays where the puck is, a great hockey player plays where the puck is going to be".

平凡中的精彩

在創業的三十多年間，
在崎嶇不平，上下波折中公司茁壯、名聲日長，
而我夢想中的結構金塔，也就在點滴的平凡中築起。

有親友說，從幾十年前到現在，我雖已是公司老闆，四、五百名員工遍布世界各地，言行儀表居然依舊，他們雖感奇怪但也覺得實在難得。我知道幾十年的努力換來的事業規模與成績，以及看似耀眼的經歷、地位與個人財富，會讓很多人設想我也許像許多有些成就的人物一般，冷峻高傲。其實從我出道做事，乃至自己經營公司，心理上一直都以技術人員自居，很少想過上班時要穿著正式或時髦，尤其初期我經常需要到工地勘測，穿牛仔褲、戴安全帽、開工務車，與同事們一起叫進一些簡單的三明治或**Pizza**速食餐，邊吃邊開午餐會議，很少想到吃相不雅。我的行事作為就和工作幹部一樣，因為心中總只是想如何把事做好做完。唯有在會見客戶，銀行，律師…的時候，才穿上套裝以顯出公司老闆的身分。

享受工作午餐會兼聊家常

後來公司員工越來越多，我直接參與技術專案的機會逐漸減少，我開始常穿套裝。可是我最喜歡的還是穿著輕鬆，加入工作午餐會，看著白板上討論的事項，手拿披薩大口喝可樂，談笑中討論工作，兼聊家常，覺得是他們的一份子。直到現在回想起來，這可能是我幾十年工程生涯中，最平凡也是我最懷念的情景。

懷念中的密市總部

懷念中開會的情景總會出現那扇窗子。公司在密市總部二樓的大會議室有一個10呎高，近20呎寬的扇形大窗子，面對著一條幹道。馬路的對面是一座大公園，以前園內叢林密布。公司在25年前搬進這棟辦公大樓時人車稀少，從會議室的窗子可以望見茂密的樹林。春夏時節綠意盎然，花鳥飛舞；入秋後樹葉變色，小松鼠在枝幹間爬上爬下；樹葉凋零時分，又可見到鹿兒們在落葉或雪地裡奔跑。後來公園開放給一些做研究發展的公司，建了許多小型辦公室，交通繁忙，上下班進出停車場都很困難。春夏間花鳥少了，在落葉滿地和冰雪覆地的秋冬，偶爾可見到一兩隻鹿兒，一閃而過。

公司總部原先用了整個2樓和3樓共有兩萬多平方呎。後來我們在全國各地開了十幾個辦公室，公司的人才資源隨著擴張，分別派駐各地，總部2樓一萬五千平方呎也就足夠了。在我退休的前三年，我和行政長科蒂做了一番研究，採用一位室內設計師的建議，把整個2樓重新整理設計成最流行的開放式辦公室，幾乎人人都可看到窗外的陽光和樹木。

員工問我，公司已經易手，你也要退休了，還這麼不放心，為總部辦公室未來二、三十年的營運做好準備，重新設計改建。這個我從頭一手建立的公司尤其是密市總部，好像是我的女兒，即使要把她嫁出去，仍然替她想好未來多年的計畫與出路。我想大家都體

會到我的依依之情。

參與美國的政治

多年前當公司的組織與營運逐漸穩定，我開始參與許多地方與聯邦政府的政治、社交活動。尤其兒女上大學離家以後，我們自由的時間較多，開始有更多的社會接觸。雖說工作仍然忙碌充實，但是搬到西部以後，一個只有兩個人的家，偌大的房子，要填補孩子不在身邊的空虛，也是我們參與更多各種社交的原因之一。

我們早期參與頻繁的政治活動都與威州的地方官員有關。白瑞特是我支持的第一個政治人物。我在健身俱樂部認識他太太，她開著一輛小車，車上頂著牌子寫著「白瑞特競選眾議員」。連任數年之後，白瑞特試圖競選參議員和州長都失敗，最後成功選上密市市長。他連任多次，是一個難得真心做事的地方首長。那一年他試圖競選州長，我熱心參與並捐款。到選前二天，他已經用完全部競選資金，彈盡糧絕。一般預料他很難當選。白瑞特早上打電話問我是否還能再捐幾千元，他需要奮鬥到最後一天。其實我知道他這次困難重重，可能無望，但我還是答應了他。他在到州府麥迪遜的路上，彎到我公司來拿了裝在信封的捐款支票，直接趕去做最後一場競選演講。那次競逐州長失利後，他一直留在密市擔任市長至今。

另外當年威州州長湯姆遜也是一個對建設威州有貢獻的政治人物。我和工程界同業，多次熱心支持他的競選活動與籌款。原因很

簡單，他對威州工程界非常關心，願意聆聽我們的困難與建議。我在他州長任上，多次在工程年會接受頒獎。仍然記得第一次被點名叫上台前去領年度企業家獎，我極度驚訝，喜極而泣。他後來被小布希總統任命為健康與公共服務部長，搬去華府。

受邀拜訪華府

有一次華府之旅記憶深刻。當時威州有一位出名的眾議員愛斯平，為威州的經濟做了許多貢獻。他曾在眾議院任國防委員會主席，在克林頓總統時代，當過國防部長，後來辭職，兩年後病逝。他成立的愛斯平中心帶動整個威州工業，吸引資金流入，並得以參與國防工業。我有幸被愛斯平中心Les Aspin Center邀請參加一次華府的拜訪活動。我們約有10個來自威州的工業界負責人，拜訪了本州的參議員與國防部有關人員。印象最深的一次是早上六點鐘的簡報，在參議院小會議廳由當時國家預算委員會一位參議員主持。他是我耳聞已久，來自夏威夷的斷臂日裔參議員井上建。參議員在二次大戰時失去了他的右臂，是第一位日裔，也是第一位亞裔參議員。我們進去時他已經在場恭候，第一句話就說，知道早晨六點鐘的會議對大家來說不可思議，但是在軍中的話，現在已經做完了兩個小時的行軍訓練，到該吃早餐的時間了。然後他開始簡報國防部三軍招募軍人的標準、訓練與程序。許多內容不復記憶，但非常清晰地記得他那穩定堅毅的表情，深入淺出地解釋軍人的徵召與運作。後來每次在飛機場看到穿軍裝的年輕戰士，就會記起這位斷臂老參議員，從而生出敬意。他在國會服務了50年，逝於任上。

後來搬到西部，參與了幾次內華達州參議員，也是當時參議院多數黨領袖，海瑞瑞伊的政治活動。我對他的一些政見不盡認同，但是他的確對內華達州貢獻很多。其中有一年，我的女兒在華府國會山莊做事，在他手下任職州務與選民聯絡員，故而也在他的競選活動中予以支持。

華人對捐款冷淡

其實我們出力最多的是當年內華達州副州長克羅利基的競選活動。我在家裡辦了一個籌款會，華人朋友參加踴躍但是捐助冷淡。我們沒有主辦這類活動的經驗，雖然出錢出力可惜徒勞無功。我才明白事業成功家財豐厚的華人很多，但是願意挺身支持政治活動，發揮影響力的屈指可數。

我們也曾經支持與歐巴馬在第二任上競選總統的密特朗尼。我們非常欣賞他創業成功的經歷。他公司一部分的業務是幫助一些經營沒有效率或賠錢快要倒閉的公司，分析並提出方案解決他們營運的問題，例如把沒有績效的部門裁掉，或是解散冗員。這讓許多自由派人士批評他冷血無情。但是在商言商，以我們經營事業的經驗，任何一個長期賠錢的公司沒有可能持續太久，寧快刀斬亂麻，雖有短痛，但可存活長久。我們覺得美國需要這種有膽識的創業精神和所帶起的蓬勃氣氛，所以熱烈參與他的競選與籌款活動。很可惜他最後以微小的差距落敗。

遇見兩位當代女性政要

在當時那多彩多姿的專業與社交活動中，我有機會遇見兩位當代女性政要。印象非常不同，但是也印證了從任何表面言行其實很難判斷一個人的作為與未來的表現。

第一次是被邀請去拜會當時的第一夫人希拉蕊克林頓。勝年正好出差，我提早離開辦公室，到網球訓練場去接女兒，給她在T恤上套上背心裙，就直接開車去會場。希拉蕊本是一位年輕有名的律師，裝扮平實，清新熱情而又平易近人，我印象極為深刻。在後來的許多年，輿論對她諸多抹黑，但我從來不減對她的信任。我的女兒至今都是她強烈的支持者。她在競選時強調，即使是清晨三點她也會起床接答任何緊急電話。我完全相信她這些競選誓言。但是她在當國務卿的最後一年，為了自己的政治前途，耽誤了在利比亞班格滋的營救行動，導致四位外交官喪生。難以置信那個我完全信賴的希拉蕊會犯這樣的錯誤，最糟的是，她始終不肯認錯。她原本很有可能成為美國第一位女總統，但在競選時，竟然用「愚蠢無知」形容對她沒有好感的中層階級婦女。我對她徹底失望。

有幾年公司贏得不少合約，發展極快，聲名直上。有一家從未與我們有財務來往的大財務集團，推舉我代表女性企業家，到紐約領取職業婦女雜誌Working Woman Magazine年度頒獎大會中的兩個獎項。我在大會中見到了當年共和黨有名的女參議員伊麗莎白

多爾。她的先生曾是總統候選人，夫妻兩人宛如美國政治舞台上閃耀的星星。多爾參議員學歷傲人，美貌出眾，臉上細緻濃妝，髮型精心設計，十指鮮紅蔻丹，我想她需要花不少的時間去維持這樣的形象。她演講字字清晰，講話抑揚高下，明顯是個訓練有素的政治家、演講家。她在會場中停留時間不長，多是被一群她熟悉的人包圍，只是偶爾遠遠地，冷艷地望向群眾。我常想這樣一個經驗老到的政客，講稿可能不需別人代擬，接受訪問或演講自能侃侃而談，動聽受歡迎。但是會有空或有心情去探討民間真實的需要，國內各項設施營運，或是國際間複雜糾結的事務嗎？實際上我注意到這位參議員政績平平，沒有顯著作為。

永記於心的空軍商務之旅

另一次讓我永記在心的是空軍招待的商務之旅。二星中將羅比亞將軍是當時空軍工程部門最高主管。那幾年空軍大興工程，羅比亞將軍為了加強與我們這些合約執行公司的溝通，邀請二三十家公司負責人，與他一起進行三天的參觀活動，拜訪數個空軍基地。我們從華府安德魯空軍基地出發，坐上大型空軍運輸機，駕駛座上是一位非常年輕的女空軍飛官，令我驚喜。將軍一路上坐在我們中間詳細解說，有問必答。在全部合約公司裡，我們公司恐怕是最小規模之一，所以可以詢問的問題也比較粗淺。這位總管全球空軍工程活動的將軍，絕不怠慢任何一個問題。三天的參訪，我們從一個空軍基地飛到另外一個空軍基地，將軍與各個基地工程負責人逐一介紹這些基地的設施、經費與未來計畫。

我們這些公司，不論大小，都是經過一關一卡的考驗、甄選、競爭而變成活躍的執行合約公司。但也可能隨時競爭失敗而出局。當我們在執行合約時，政府雖然會對我們有不同層次的監管與審核，實際上也託付了很多的信賴。我第一次眼見美國軍事基地的壯實，也深切體驗到美國這自由開放，信任信賴的營運系統。這被信任、信賴的感覺給了我無限榮譽感，也更增加我對社會的責任心。

業界小有名氣頻頻得獎

經營事業期間，我常常參加全國不同地方的研討展示會，更有多次在華府、紐約等地接受頒獎，接觸的不只是工程界，更有政商經軍等各界人士，參與了許多數百人，甚至數千人的大型會議；這不僅增廣我的閱歷，也豐富了原本平凡的人生。也許因為工程界的女性老闆不多，像我們這樣數百人規模的公司更找不出幾個老闆是女性，所以我在業界小有名氣。每次上台從政要手中接過獎牌，看到台下數百數千人為我鼓掌，心中都很激動，覺得真是人生的精彩高峰。

其中我覺得很有意義的是一個很小的獎。一九九六年，當時公司只是一個不到一百名員工的小公司，我榮幸獲贈一個很特殊的獎項。Ardie Halyard是密市第一位成功的非裔女企業家。她在亞特蘭大大學畢業後來到密市，在1925年成立了第一個黑人並且是女人所創立的哥倫比亞借貸銀行。她與先生在最初10年的艱難創業中，沒有領取過薪水，純為當地民眾提供許多借貸的方便。後來密

市和她的後人成立了一個公益慈善機構，每年甄選並頒獎給一兩位有代表性的少數族群或女性企業老闆，來紀念這位成功的女性。頒獎時，我非常感動。聽說多年來，我是第一位亞洲裔，也是第一位不是非洲裔的獲獎者。我欽佩這位非洲裔女銀行家在當年對少數族群與女人的歧視環境中艱難奮鬥的毅力，也感激主辦機關與她後人開明的胸懷。我把他們這鼓勵並開明的心懷銘記於心，時時提醒自己與幹部，要以公平的態度，善待並鼓勵少數族群與女性員工爭取往上爬的機會。

仍是喜歡隨興穿著

不知是因為這精彩高峰帶來多彩多姿的人生意識，還是兒女長大成人與精彩背後的空虛需要填補，有幾年我衣櫥裡添掛了一整排聖約翰名牌套裝，這是一個很受華人女性歡迎的品牌。然而每件穿一兩次，就束諸高閣。大部分時間還是長褲T恤，襯衫便鞋，隨興而穿。我這不重穿著的習慣，大概成了公司女職員的樣本。

公司女生有樣學樣

法蘭心是個律師，剛進公司頭一年擔任勝年的私人助理，經常需要跟著參加會議。有一次大概太晚住進旅館，第二天清晨七點鐘的資深經理會議，她穿著隨便，踏著夾腳拖就一頭鑽進會議室，全部經理都顯訝異，先生也甚是不悅。事後先生向我抱怨，公司女生

都跟我這女老闆不修邊幅的習慣依樣學樣。幸好法蘭心是一個很有程度的律師，後來被分派在合約部門，表現不錯。人們雖說，你的穿著代表著你的身分，但是若只有外表而無內在，我倒覺得肚中充實，胸中有物重要多了。我的理念是，這個世界最終應該還是要以成績和成就論成敗的。

　　我是一個隨性的人，言行衣著待人處事都是。直到現在最喜歡也最懷念的都是最平凡的每日行事，像是與我的員工坐在會議室，嚼著三明治開會、懷念威州白雪鋪地的寒冬、總部前廳的聖誕佳節氣氛、懷念那些與我共事多年的員工同僚，缺點也好優點也好，過往的獎勵懲戒喜怒哀樂，都成了記憶中的精華。

　　三十年，在點滴的日常作業中，解決著各種糾結困難，在崎嶇不平，上下波折中公司茁壯、名聲日長。我自己也沿著上升的曲線，走上當年創業時沒有預料到的尖峰。

由欣慕引發一個夢想

　　當時創業的初衷，只是因不想在大工程團隊中當個小螺絲釘，難望爬上金字塔的頂端。其實更重要的是，因為欣慕美國企業化的結構與營運而引發一個夢想。我的夢想當時也很模糊，只是決心組成一個小而堅強的組織，集結各種專業人員共同效力，目標是完成專案工程，贏取客戶信任，為客戶解決問題。幸運的是，我的另一

半分享我的這個夢想，理性又智慧地，一磚一瓦助我疊起整個企業的基礎。我夢想中的結構金塔，也就在點滴的平凡中築起。

　　有句名言，成就並不是目標，而是去追求目標所經歷的旅程。我有幸在這段旅程中，築成了一個多采多姿的生涯。

女兒與前第一夫人希拉蕊

工程公司訪問團在安德魯空軍基地登機

與空軍總工程師
盧比亞將軍合影

穿越會議室的大扇型窗子，
記錄了過去近30年的生涯。

位於威州－
密爾瓦基市的公司總部
（Milwaukee,Wisconsin）

公司易手 如虎添翼

為了克服有限的財力對成長的阻礙，
公司出售易手獲得大幅財務支援。
我們繼續帶領士氣高昂的員工衝刺成長…

數度成為購併目標

在工程界，公司之間合併收購時有所聞，尤其一個常贏得合約、卓然成長的公司，常成了購併的目標。當我們連續贏得了幾個大型聯邦合約時，曾經有兩家由石油工業轉型成環工技術工程的公司向我們徵詢收購合併的可能性。其中的一家是大型公司，數年後被另一家更大的公司購併。另外一家對我們有興趣的公司，是一阿拉斯加原住民擁有，因油田開採而致富的財團。當年兩案都沒有談成，主要是因為那時公司急速成長，前景在望，勝年和我也正值壯年，無意讓手。

其實最不可思議的是，我第一家服務的C公司在幾年之內曾兩度表示收購我公司的意願；一次是希望收購我們一個剛贏得聯邦合約的辦公室，另一次則是對我們在威州的一個小型工程部門有興趣。那是由於C公司一直無法再次打開威州市場，希望藉此重返威州。當然最後我們也決定不放手。

公司的成長受限於個人的財力

以後的幾年，公司在建築營造方面節節成長，所需要的投標、

履約保證金越來越龐大，但公司的成長卻完全被限制在我個人的財力限度內。我們全部的家產都成了銀行保證的抵押，造成我很大的壓力。公司需要尋覓一個可以提供大幅資金的來源做後盾。最理想的是有一個財力深厚的後台老闆，讓公司保有原來的組織架構；更重要的是，維持原有的運作系統與人員，或只做最小的變更，這樣幾乎所有員工都有工作保障。

最後可行的選擇落在兩個有潛力的買主，其中之一是一家與我們型態類似的中型公司，有員工一千多人，因為是public owned的上市公司，願意留給我們相當的股份，收購條件看似可接受，但後來發現這家公司財務、業務有許多暗流麻煩，也就作罷。

願意放手讓我們繼續掌舵的投資者

不久之後，一位熟識的同業人士介紹了一個財團，他們願意放手讓我和勝年繼續掌舵經營數年。收購條件中指明，我們一定要訓練、提攜將才，包括公司內部現有的幹部和股東會所推薦的人才，成為將來公司的主帥，在經營合約期滿離職退休後，公司能不需要依靠我與勝年來營運，而仍可維持強大的競爭能力，並有充分的人力與財力讓公司繼續成長。最重要的是，買主希望公司逐步自立不再依賴股東的財力支持。我方的條件則是，公司人事不因轉換股東而改變，營運與財務系統不變，成長目標與利潤的分配則由公司的主要執行人員與股東共同協商來達成共識。

為了讓股東能夠充分了解公司的營運，勝年擬定了一套層次完整的報告系統。透過這套系統股東可以充分掌握公司的組織管理、業務推展、營運實績、財務狀況與客戶溝通等。

我們成功地與買主達成協議。新成立的董事會延請勝年出任執行長兼總裁（CEO and President），我則卸下總執行長之職，擔任前瞻特別顧問，專責公司改組、成立holding company與幾個子公司等等改變公司結構事宜。由於買方財團資金雄厚，不但有能力提供大幅融資，並可籌措比原有公司更多的保證金，在呈交建築提案時我們可以放手競標比以前大數倍的工程。這不僅使公司的成長加速，而且大大提高員工的士氣。

不負所託儲備將帥

我們不負所託，在離職的前兩年，可承擔重責的主將已儲備就緒，公司也有能力用自有資金應對大工程所需的龐大融資需求，並能支應投標大小工程所需的保證金等等，不再需要股東財團任何財務支援。有新股東的雄厚財力做後盾，我們如虎添翼，公司彷彿踏上一個飛騰的跳板，名聲日增，成績顯見，人員與營業額都加倍成長。這證明當年讓公司易主，是個明智的決定。

許多時候需要放手一些捨不得的東西

公司在我創立並經營20多年後，為了克服成長的障礙，將之

讓手與人，勝年與我都心有不捨。在人生的道路上，許多時候需要放手一些捨不得的東西，就像當年我們決定放棄先生的博士班而就業，做出理智果斷，不能回頭的決定。公司出售換手後，雖然名稱更換，但因內部組織完整維持，公司整體員工，包括我在內，仍然保持原先繼續往前衝刺的高能量，飛向更高更大的市場。

　　勝年原來的職位，營運長一職懸缺數年。在我們退休的前兩三年，由他推薦相隨多年，穩重務實的葛菲升任。我們退休後，董事會選出一位有財務專長的董事接任總執行長兼總裁。

　　我一手創立的TN&A，圓滿地交付給新的團隊，繼續強勁地展現新的活力。這曾經是我在極為不捨中做出的困難決定，見證了一個簡單的銘言：考慮長遠周全，放下不忍放下的，果斷欣然放手，是智慧的抉擇。

卸下重任　功成身退

我們與新公司的董事會簽訂了一個長期的經營合約，
由原業主轉為專業經理人，
負責整個公司未來的發展與擴張。除了執行營運的責任，
還承諾訓練一組接班人。在合約期滿時，
公司已擁有充分的人力與財力順利地繼續繁榮發展。

磨合出蓄勢待發的正能量

公司易主之初，因為有了股東的深厚財力支持，我們放膽積極策畫，爭取許多大型的工程設計與建築。我們原班菁英個個士氣蓬勃，衝勁十足，公司業務蒸蒸日上。剛開始的兩年，作為原業主的我們和股東之間的關係與共識，需要時間適應調整，所以有很多爭議與摩擦，但也因此磨合出蓄勢待發的正能量。往後數年營業額與利潤直線上升。公司年會上檢討得失，雖也討論如何克服經常遇到的重重挫折，但大體上我們在業界名聲日上，股東與幹部、同仁都喜見步步高升的成長與利潤；資深幹部與老員工都歡喜地分享成長的名與利，同時帶領著公司因成長而增加的新秀一起衝刺。當然股東和我們都喜見這一片欣欣向榮。這證明了當年決定出售與這個有財力、有潛力的新股東是一個全盤皆贏的策略。

如卸重擔的欣慰，被後浪推著走的感慨

時光匆匆數載，我們已臨屆退休年紀。在那之前的兩年，公司幾位資深主將已準備就緒，將成為我們退休後的接班人。退休的

前一年，我們逐漸放手，很少參加一般會議，只選擇性地參與少數重要會議。即將接掌各種管理大權的主將已開始擔當大任，主持會議、主導議程並直接指揮營運的細節。我們的角色就只是聆聽、建議，並給予指導。

看到這些長年共事的幹部同仁深入且衷心地參與各項營運，逐漸有了如卸重擔的欣慰，當然多少也有被後浪推著走的感慨…

幾次有人提起要為我們辦退休慶祝會，我總說在每年例行的總部年末慶祝晚會上，請我們講一講退休感言就好了，堅持不要太勞師動眾。但拗不過同仁們的熱情，結果還是讓他們對外發出退休通知與晚會請帖。

每年例行的公司年會總是12月初在威州總部連續兩三天，排不同的會議，然後接著年終晚會。

最後一次的公司年會

在最後一次的公司年會上，勝年慣例點出關鍵性的提示，但是也露出難得的感性。他說了這麼一段話：「大家都知道我退休的時間與計畫，這天終於到了。這麼多年與大家一起共事，會議無數，希望我們一起經歷過的各種成功與失敗的經驗，可以讓你們學到如何繼續帶領公司。我看得出大家都有能力承擔接棒的責任了。」他接著調侃自己：「一生中從不知道什麼叫做情緒低落，直到前陣子

拿到老人福利卡的通知…」史蒂夫笑著說：「Nick需要準備多帶面紙去晚會…」

最後一天下午議程空白，幾位幹部似乎都忙，所以勝年和我就離開年會的旅館會場回到對街的公司總部，準備參加晚上的宴會。

親朋故舊齊聚退休會

當我們走入晚會前的酒會，簡直驚訝得合不攏嘴。雖然事先知道請帖發給了許多親友、過去的同僚、業界與社團的朋友等等，但是一下子看到這麼多的熟面孔，個個衣衫筆挺，兒女媳孫、久不見面的親友全出席了，真有不知所措的驚奇與興奮。

晚宴開始沒多久，市場業務副總史蒂夫走上前台拿起麥克風，我才知道今晚他是晚會主持人，也才想到今天下午的會議不請我們參加，原來幹部們是忙著晚上的歡送會。史蒂夫用一貫嚴肅中帶著輕鬆的口氣講了榮幸感激之類的開場白之後就對勝年說：「Nick還沒哭嗎？等等再看吧。」全場都笑了。

首先上台的是新出爐的CEO傑夫。他誇張地說：「第一次看見Nick是在股東會上，他穿著一件黃襯衫打著領帶，帶著一副大眼鏡走進來，我心想這傢伙是誰。但是當他站在前面開始介紹公司全盤營運，五分鐘之內這個人的能力與領導力就已經截然分曉。」然後他用幽默詼諧的口吻形容我那不棄不饒的堅持，行事待人沒有

架子，但找人一定要找到，做事必定挺到底的毅力，大家都領教過我這些特性。全場大笑，只有我哭笑不得。

兩位支撐公司的悍將主帥哽咽動容

下一位是新任執行長葛菲。他走上台，一副感性的表情（也許就是我平常認為的愁容）。講到他了解先生數度經歷公司極度艱難的困境，感激有這個機會在這樣的公司與這樣的老闆同舟共濟，從一個曲折不平、常遇窘境的小公司一起奮鬥到今天，員工四百多人，四個子公司。一定會秉持前任老闆與總裁的經營原則，馳騁工業界。當講到公司在最低谷窮絕時，葛菲哽咽了，我回頭看到先生也目帶淚光。這兩位支撐公司的悍將主帥，竟然在會場上如此動容，我想他們在困境中相知互補的患難情結，是公司最後十幾年經常起死回生的重要因素之一。其中酸甜苦辣，只有兩位當事人才能體會吧。

之前酒會時，我已意外又高興地見到馬其西與太太，但不知道他也有備而來，上台與我們敘舊。馬其西講到他當年任密市污水管理局長時，也聽聞當時一個年輕的工程師Nick，用污水流程的技術知識解決的幾椿難題。他講的當然是那件在污水流程中大膽採用硝化作用以降低排水中的含氮量，來達到法院規定的標準，並避免了大量的投資與罰款。另外那椿當年與全密市製造工業有爭議的法律事件，最後是由污水局法務部克勞佛律師和勝年一同說服、贏得了工業界的了解，並成功地達成協議。克勞佛當天也來參加晚會。

馬其西也提起他後來任密郡工務局長時，我帶著專案經理去推展業務。他說，以Terry百折不回的精神，遲早總會如願。其實他當然是開我玩笑，因為我們一直到兩三年後才贏得第一個專案。

接下來，我們學者型的提案副總約翰福樂斯不改他一貫詼諧幽默的作風，風趣地介紹了一系列的圖片。有些家庭照片是從我媳婦那裡找來的，有我們年輕時與孩子們的生活照，公司早年夏季球賽烤肉各種活動照，我得獎與各級政府官員合拍的照片等等。

總裁最後的提示：Vision前瞻

另一位副總梅特上台，以真誠口氣敘說了一些先生在過去以及季會、年會上一再強調的提示：做生意要有計畫，有短期長期的謀略方案，要注重利潤，因為那是公司發展前進的資源。但不管如何一定要有原則：那就是專業與誠信等等。他也重複葛菲的承諾，一定會遵循我們留下的腳印繼續帶領公司，絕對不會讓我們失望。最後他語重心長地引用了先生在最後一次年會上給大家的提示：

Vision前瞻，眼光遠大，是一個成功的領導人最重要的特性。

淚眼蝴蝶琪兒上台時，面帶笑容，但是講著講著已經哽咽了。她提起在公司的這20年中經歷的曲折與成長，看到Terry與Nick如

何堅毅不拔地克服各種困境，多數員工也許並不明白這些困難，但是她非常能夠體會並且心存感激。就是因為這樣，所有為公司服務過的一千六百多位員工都曾受惠，尤其是現任的400多位職員與家屬，在人生與職涯上都深獲影響與長進。現兒嘲笑自己，說好今天絕對不哭…我看著她自信從容又感性地站在台上，儼然是一個成熟的財務與行政總監，我會心地笑了。

　　史蒂夫再次上台，引介股東會的董事代表傑姬上台，頒贈股東會的成就獎狀給我們。傑姬是股東裡唯一的女性，通常非常有耐心願意聆聽建議與了解我們的困難，最後總是支持我們的提案，很受大家的敬重愛戴。接著，史蒂夫代表美國軍人工程師協會頒予我們終身成就獎。這個組織貫穿聯邦工程界，主導市場營運與研究方向。這獎狀是對我們過去所建立聲譽的肯定。

曾飄揚在國會山莊的國旗

　　再一次上台，史蒂夫幫著曾任軍職的副總迪馬搬上一個暗紅色的木盒子。那是一個有玻璃蓋的紅木箱Shadow box。裡面除了一張美國國防部頒發的榮譽獎狀，還有幾枚刻著空軍基地名字，由各基地司令所頒發的金章。這些都是我們公司曾經做過大工程的基地。迪馬花了幾個月的時間一一去聯絡取得的，實在感動。最最令我們刻骨銘心的是那一面迪馬透過國防部得來的美國國旗。獎狀上指出，這面國旗曾經在2017年7月31日飄揚在國會山莊上。

留下真情感言

後來得知公司高層半年多前已經默默地在籌畫我們的退休晚會了。會場擺滿了UPS的箱子，真沒想到退休會拿到那麼多無可衡量的珍貴禮物，當晚每位資深幹部的演講也都令我們感動，欣慰幾十年的奮鬥築成碩果。厚厚的紀念冊上幹部員工們留下真情感言，每人都提起與我們個人有過的一些接觸互動。從來也沒想到我們做過的事情，走過的路，對這麼多人有過衝擊、激勵，能讓他們感動而且豐富他們的人生與職涯。

我在辦公室工作的最後一天，寄給全體員工的告別感謝信最後是這樣寫的：「這麼多人告訴我，我們的激勵改變了你們的人生。其實30年來，是公司與你們大家充實並豐富了我們原本平凡無奇的生命。說再見總是難事，但我知道公司有能人帶領，前面有寬闊的前程等著你們，無庸我掛慮。在我們有生之年，會把我們在一起的精華時光銘記在心。（⋯史蒂夫，晚會上讓你失望了，我沒哭，倒是現在淚水模糊⋯）。」

曾飄在國會山莊的國旗

不完美的樂土　拚搏美國夢

我從不把因為身為亞洲女人，被輕視，得不到賞識，
當成退縮的理由；這些即使是阻礙的主要因素，
但我執意把它的陰影放置一旁，只當作激勵我前進的原動力。

人說美國是一個夢想可以成真的樂土，
在這裡我經歷了曲折又精彩的人生。

美國真的這麼完美嗎？

我常自問，美國真的這麼完美嗎？其實美國不但不完美，而且問題重重。更由於是以民主自由為根本，新的民意政見參雜著已存在的問題，紛爭不斷。近幾年常回台灣，眼見台灣的政治與社會也有許多問題。兩個國家雖然大小有異，卻有相似之處，各有著自己的難題。這些政策上的難題可能無法在短時間內解決，但是我有信心，現有的問題將來會經由合理的過程達成共識。因為我的這兩個家鄉，有一個共同的根本體制，那就是民主自由。這民主自由的政治體系並非十全十美，但是給予人民發言的權力，人民可用輿論或選舉來發表意見。經濟發展、社會走向，和政府的政策與替換，是由人民決定。只要國家民主，人民有權力自由思考並選擇執政者，國家就有希望。

過去幾十年在美國的職業生涯，其實經過許多不安、恐慌的艱難時期。從早年轉行求學、論文與執照觸礁、謀職不利、任職的

公司關閉辦公室；後來公司增聘大量人才，我卻升遷不成、職位倒縮等等困境。先生因學以致用，謀職際遇比我好。成績雖然可圈可點，逐漸得到信任，卻也沒有足夠的升遷機會。尤其土木環境工程的薪水，比起電機電子以及後來的資訊業偏低。我總在艱難挫敗時，回頭審視自己的不足：是否因轉行學業根基不夠紮實、工作方向不對，或語言能力人際關係不足等等。我很少抱怨美國社會不公平，也不認為這些波折是因為我這亞洲女人的身分，所以被輕視，得不到賞識。我後來經常回想，這些即使是阻礙的主要因素，但因為我執意把它的陰影放置一旁，只當作激勵我前進的原動力，也許這才是我經常下決心冒險一搏的原因。

而勝年在他後來經營工程事業的二三十年中，際遇更是積極而有趣了。他求才若渴，毫無忌憚地延聘以前的競爭同事和上司，他們都成了公司的重要幹部。

要突顯出自己的價值

其實美國是一個很現實的社會。個人所學、能力經歷，即使優秀，也必須在競爭中顯出頭角，一定要對你服務的公司、機關、周遭社會團體提供突出的價值與用處，才會被需要而成為贏家。如果看似優秀的人才，幾番努力而仍無法扭轉情勢取得升遷，我會認定這地方人時地不順，機緣渺茫，除非自甘安於現狀，不然最好另謀他圖轉變方向，才是上策。

白人男人為主流的美國社會

我在這以白人，尤其是男人為主流的美國社會，工作多年後自行創業，三、四十年中，可以有一席之地，其實是由於我對自己的背景與身處的境遇很有認知。年輕時也曾為了短暫的光彩，自鳴得意；但是經過一番低潮，學會收斂。之後很少因為一時的成就，招搖炫耀；或因挫折就自卑封閉，埋怨美國大環境沒有給予機會，自嘆為種族歧視的受害者。我在種種好壞不同的境遇中，學會了專注。勝年也常鼓勵提醒我，眼界放遠、集中精力，對付周遭的波折。目前的掙扎或一時的光榮，都是暫時的。最重要的是，把握現有的資源，處理業務、人事、市場各方面的種種問題，隨時隨地集中心力應對周遭紛亂變換的情勢，機會機緣都需要時時的尋覓察查而得來的。我也經常自我警惕，凡事要坦然，用不驕不卑的態度來面對任何挑戰。

權利是掙取來的

個人的成敗榮辱，當然都與社會息息相關。一般人，尤其是剛來到美國社會的新移民，通常習慣留在自己所屬的圈子，語言文化容易適應；但要知道，這強大富庶的國家，同時有著大熔爐社會的許多複雜紛爭；若不積極參與了解，可能就只會滯留不前，無法應付社經逆變所產生的劣勢。對美國，首先要了解的是，許多的權利都是前人掙來的。我們這些後到的移民其實是受惠者。美國在1920年，女人有了投票權，才奠定了女人的社會地位；而最大的

少數民族非洲裔族群直到1965年才有同等的社會地位。

聯邦與地方政府不停地推動社會平等的政策。在七零年後到八零年提倡多聘用女人與少數族群，並鼓勵這些所謂的資源弱勢族群創業並參與政府工作。所以在保護全美資源不足的中小企業的類別裡，有一小項目是包括所謂的社會經濟資源不利的群組。政府鼓勵在雇用人員或採購物品及服務時，如同等背景或品質，盡量雇用他們或採用他們的公司。這當然是一個矯正社會不平等的德政，但實際上當年，真正做到的也只有表面小幅程度。

所以應該認知的是，這些保護的確存在，我們有時也利用這些政府鼓勵與支援的德政。但是如果想靠這些保護而生存甚至成功，而不想在競技場上放手一搏，可能只有原地踏步，甚至人進我退，連生存的空間都會消失。

他望向我的身後，問說Terry呢？

講到對女人的偏見，我倒是有些經驗。創業之初，我寄出的市場業務文件，用的是我少年時天主教受洗的名字，很女性化，特瑞莎，簡稱特瑞。後來改成了很相似，但比較中性的Terry（其實也是女人示弱了）。有次去會見一個大公司的老闆。走進他的辦公室，握手之後，他望向我的身後，問說Terry呢？我並沒在意，我不覺得他是特意的歧視，只是依傳統習慣，來者既是公司老闆，一定是男士。我在後來許多領獎的時刻，都是嘲笑自己是佔了女老闆的便

宜，這對女人不可能是老闆的偏見倒是一個嘲諷。

　　我經營公司多年，尤其前面15年，參與研討會，展示會，政見發表籌款會等等無數。有幾個事件值得一提，也代表了一般美國人的偏見。有次在一個研討會的午餐席上，我和我的市場經理雪若一同參加。雪若很年輕30多歲。我們坐下不久，坐在我旁邊的一位老先生，自我介紹是退休海軍上校。他微笑的指著雪若對我說：「妳看她對妳多好啊，把你帶到這會場來…」我立刻回答：「很高興認識你，這位是我帶來的市場經理雪若，我是公司的董事長。」他也馬上道歉，交談之後互相交換了名片，他問我說也許他有機會可以替我的公司當顧問等等。這樣的事情其實經常發生，我並沒有氣忿不平，只是壓抑著我的不悅，而把這些社會上的偏見與歧視，記在心裡，激勵自己更加奮發擴展，用實際成就，證實自己的領導力。

旅館人人升等，唯獨老闆沒份

　　另有一次出差去內布拉斯加州的歐碼哈市，參加一個研討會。當我和公司亞特蘭大經理艾爾共進午餐時，他告訴我今天這家旅館大概生意清淡，因為自動把他的房間升等為套房。晚餐時，總部合約經理辛蒂也到了，她高興的對我說，今天真幸運居然旅館自動把房間升級到套房，還可以看到夜景。我的兩位幹部，比我早到的艾爾和比我晚到的辛蒂都由旅館自動升等為套房，而我這個老闆卻沒有這個優待。我不願在手下面前顯出我的計較與小肚量，壓抑著

心中的怒火，在離開旅館時，到櫃檯去對一個職員說，請你告訴你的經理，這個旅館有歧視的嫌疑，我是公司的董事長，我的兩位幹部，比我早到或晚到，都被升等為套房，而你卻未對我提供此項優待。我可以到媒體去製造新聞，或者你從此改正這歧視少數民族的行為。

蜜雪歐巴馬的憤怒

所以我非常能夠了解前第一夫人蜜雪歐巴馬的憤怒。她是律師，穿著正式套裝逛市場時，卻常被人認為是售貨員。但是我並沒有像第一夫人那樣用負面的激憤，對公眾媒體或年輕學子說：「（成為第一夫人）以前，我從不認為自己是美國人。」我採取不同的態度，我更積極於事業上的競爭，不論各色人種，更開放的錄用我需要的人才。我要用我正面的能量來影響我周圍的人，證明我的領導才幹，心胸肚量，公平公正，以才取人。沒有人應該對我、與我同類的亞裔、或其他少數民族，採取異樣歧視的眼光。

我覺得很多新來的移民也許比較感激美國社會大環境所提供的充沛資源，像工作機會，居住環境，公眾權利等等。我在一次工程研討會上，聽到一位從非洲移民來的資深工程師說，他來到美國時，好像進了糖果店一樣的興奮，經過多年的努力，他現有的資產與美國大環境所給予的民主自由、政治權利遠遠多過他在非洲擁有的一切。他說不知道為什麼在這裡土生土長的非裔美國人總覺得被歧視。他的祖先也有人在世界各地做過奴隸，這是件殘酷的歷史，

大家都應記取教訓，絕不能再發生。但我們也不能以被歧視為由，把自己的低落的境遇都歸咎於膚色。我覺得他講的話真是一針見血，與我所見略同。

種族之間的歧見

其實這個種族之間的歧見，也並不是單方面的。在華人圈子，朋友閒談中，會用歧視的口氣來談別的種族。比方說，晚上別到複雜的區域，以免被老黑搶劫了。這已經認定搶劫的一定是黑人了。更常聽華人朋友說，我的子女絕對不能嫁娶黑人。這種心理上的隔閡與障礙，其實都是美國社會裡很難解決的矛盾。多年前有一次參加美國陸軍工兵團舉辦的工程師協會研討會。我在會場上注意到有一小群亞裔軍官在座。驚喜之餘過去握手詢問，發現他們竟是台灣來的。原來美軍在撤離台灣時，成立了一個美國工兵團所屬的工程師協會，這個組織延續至今。我遞上名片，一位男士卻告訴我：「過一會把名片送到你的位子，現在不能給你，因為剛才坐在那邊的黑人介紹時，我說名片沒有了。」我很詫異，當天出席的不是軍官就是註冊有案的公司的代表，遞上名片並無任何風險。我想也許這些外地人沒有見過美國這大熔爐裡形形色色的人種，自然而然豎起的保護層吧。

講到種族問題，台灣單純多了。台灣雖然也有不同的意見，認為小小的島上數千萬人民是不同種族的人組成。其實這數千萬台灣島上的人民，不但同文同種而且同宗，自家牆裡產生爭執自然難

免。雖然近幾年我在台灣東部或是日月潭旅遊，不止一次聽到原住民口裡說，那些是漢人，或說，城市裡的那些漢人爭爭吵吵等等，令我驚訝。距漢朝兩千年之後還有人稱我們為漢人，漢武帝的影響真是長遠啊。這些爭議都是要由政府與人民共同解決，只要有民主自由為本的制度，國家在人民與政府智慧的選擇之下，一定可以向前推進。

但美國與世界上任何國家都不同，因為除了原住民，全部的美國人都是近400多年內移民來的。而因為美國整個體系都是在過去幾百年中由歐洲白人所帶領建立，所以白人，尤其男人，成了主流。但是由於近百年來越來越多的移民，多元複雜，他們也要求社經地位平等。毫無疑問，在任何社會裡，理想中的權利、待遇、美好的生活都是爭取而來的。即使美國這樣開放的社會體系，也仍然不停地改善、矯正社會與經濟不平衡的政策。我十分贊同任何社會都應該有一張比基本需求高些的安全網，幫助弱者生活所需，社會上才能有安寧之氣。可是我極力反對的，是那種永遠以受害者，弱者自居，把自己的不足或低成就都歸咎於國家社會的虧欠。搖旗吶喊，奮力爭取，都是無可厚非而且值得鼓勵。但如矯枉過正，對社會的破壞多於建設，這就要令人質疑這些活動是否已被利用了。

有些善意是來自一些人的優越感

上面所提的是我迎面遇過的偏頗與歧視，對我是激勵，也是反省。激勵我加倍努力證實自己；也反省自己不能偏頗對待其他人。

273

其實最讓我不能忍受的是那種看不見的，隱藏的歧視。做生意當然在商言商，實事求是。對同業同仁，甚至部屬，唯才是用，沒有任何潛藏的暗流偏見。但是我經常會覺得有些善意的支持是來自一些人的優越感，突顯我們少數民族的卑微，而給予保護。這些人通常才學較高，自認為是自由派，打著為民眾爭取平等待遇的旗幟，昭告我們這些平凡的人，他們是少數民族與弱勢的保護者，那高貴的情操會替我們爭取到可以不勞而獲的福利。

我想除了真正能力有限制的人以外，一般人需要的其實是奮鬥的權利與機會。誰不希望有尊嚴，自食其力，積極快樂的生活。相信人都不會希望被視為卑微、需要保護的弱者。

紛擾吵雜的樂土，值得一搏

以上種種親身經歷，只是證明美國絕對是個不完美的地方。但是我以一個平凡的新移民，被這個第二祖國接受，在基本的起跑點上獲得鼓勵與支援；憑藉的是一個熱情積極，坦然開放而有尊嚴的心態，在這個民主自由，但紛擾吵雜的樂土中，放手一搏，最終還是值得的。

退休時，我在給親友的感言上寫著：「中國是根源，台灣是家鄉，但美國這第二祖國給了我們奮鬥的機會，充實了我們曲折不平但多采多姿的豐富人生。」

後 記

勝年的感言

人說一個成功的人，背後一定有一個做為基石的人。

又華的成功，我是不是她的基石？反過來說，我也算是有些成就，那麼又華便是我的基石。朋友常說，夫妻很難維持長時間合夥關係。能夠平穩地維持婚姻關係就很難得了，何況還能成功地建立名聲卓越的公司，更不容易。

公司剛起飛時，有位客戶發現我與又華是夫妻後便向我們當時的會計經理納德利說，夫妻共同經營事業通常是很困難的，尤其會對夫妻感情有負面的影響。一般的同事意見不同，白天爭執，晚上各自回家可以不必再想，且有上面的人做決定，事後不必爭功也不必推諉。夫妻就不一樣了，一天二十四小時沒有冷卻期，最後的決定也必須由其中一人做出。

納德利的回答不僅針對這位客戶，而且對全體員工。他說：「你們無法了解這對夫妻工作關係的緊密。無論他們之間有沒有爭執，最後永遠是『一個人』的決定。」

我們共同經營的這個事業只有一個總執行長，任何決定都是由執行長做最後裁決。當又華坐在這個位子時我是幕僚，最後決定權在她，老闆與幕僚的關係很分明。而在公司換手後，她退居前瞻顧問，我被任命掌管營運成為執行長，她也只提供意見，從不過問我的決定。

　　如果說幾十年我們從未爭執堅持己見，那就不是實話。記憶中曾有兩次我在總經理任上，我的決定與她的決斷非常尖銳相衝，但爭吵完後，還是找出彼此通融的餘地，也就了事。

　　我們雖然在不同的事件上爭議不斷，但是在許許多多的挫折低潮時互相扶持，應用智慧的結晶來解決迎面而來的挑戰，一起摩擦奮鬥中，感情反倒彌堅。

　　我們是彼此的即時支柱，有一致的理念，朝向共同的目標；所以比起他人我們有雙倍的能量與才能，因此公司成長的觸角與速度也是雙倍的，這可能就是我們能夠達成終點目標的主因了。

國家圖書館出版品預行編目CIP 資料

不完美的樂土——拚搏美國夢：
克服在美國創業的各種甘苦之一盞燈 / 劉又華著
初版-台北市-華品文創 / 2020.06
280面 / 17 × 23 cm
ISBN：978-986-96633-9-7 (平裝)
1.創業　2.成功法　3.美國
494.1　　　　　　　　109004912

 華品文創出版股份有限公司
Chinese Creation Publishing Co.,Ltd.

不完美的樂土——拚搏美國夢
克服在美國創業的各種甘苦之一盞燈

作　　　者　劉又華 Terry Ni

總 經 理　王承惠
總 編 輯　陳秋玲

編印統籌　陳國興
編　　輯　黃珠芬、應平書
設計美編　聯合報系印務部印前廠
印　　務　百馥興國際開發有限公司

出 版 者　華品文創出版股份有限公司
　　　　　地址/100台北市中正區重慶南路一段57號13樓之一
　　　　　服務專線/02-2331-7103　傳真/02-2331-6735
　　　　　E mail/service.ccpc@msa.hinet.net

總 經 銷　大和書報圖書股份有限公司
　　　　　地址/242新北市新莊區五工五路二號
　　　　　服務專線/02-8990-2588　傳真/02-2799-7900

初版一刷　2020年6月
定　　價　新台幣350元
I S B N　978-986-96633-9-7（平裝）